马银文◎编著

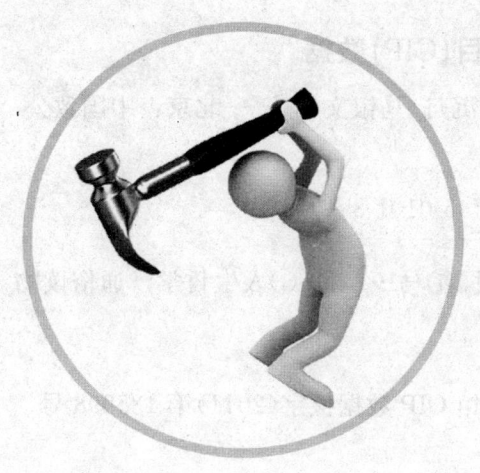

人生不能破釜沉舟

中国致公出版社

图书在版编目(CIP)数据

人生不能破釜沉舟/马银文编著. —北京：中国致公出版社，2011.8

ISBN 978-7-5145-0101-8

Ⅰ.①人… Ⅱ.①马… Ⅲ.①人生哲学－通俗读物 Ⅳ.①B821-49

中国版本图书馆 CIP 数据核字(2011)第 135898 号

人生不能破釜沉舟

编　　著	马银文
责任编辑	李娟娟
出版发行	中国致公出版社
	(北京市西城区德胜门东滨河路11号西门　电话66168543　邮编100120)
经　　销	全国新华书店
印　　刷	三河市灵山装订厂
印　　数	1—5000 册
开　　本	710mm×1000mm　1/16 开
印　　张	19
字　　数	260 千字
版　　次	2011 年 9 月第 1 版　　2011 年 9 月第 1 次印刷
ISBN 978-7-5145-0101-8	定　价　32.80 元

版权所有　翻印必究

前言

"破釜沉舟"这个成语出自《史记·项羽本纪》。巨鹿之战中,陈余请求增援,项羽就率领全部军队渡过漳河,把船只全部弄沉,把锅碗全部砸破,把军营全部烧毁,只带上三天的干粮,以此向士卒表示一定要决死战斗,毫无退却之心。楚军战士无不一以当十,士兵们杀声震天。秦军大败。自此,项羽真正成了诸侯的上将军,各路诸侯都隶属于他。

后来"破釜沉舟"常用来形容人决心很大,不留后路地去做某件事。在现实生活中往往不乏这样的例子:在社会中作为单个的人,他具有很高的智商,很高的能力,很优越的条件,决心很大,却终生无所成就。其根源只有一个,做事太绝,不留后路,遇事不懂变通,往往只凭一腔热情,没有完整的规划,盲目而偏执,听不进任何人的意见。破釜沉舟、不生即死的做事方法,在现代社会是不可行的。

有这样一个小故事:有一条小河站在高山上,看着远处的大海,它心中充满了激情。它以大海为目标,信心满满地要奔向大海。

风对它说:"要到大海,你必须化成云,不然你是到不了的。"

小河心想:化成云,那它还是它吗?它相信自己能够克服所有困难,一定能到达大海。它从高山上欢快地奔流而下,一头撞在了一块巨石上,头破血流。它擦干血迹继续上路。

它经过了很多村庄,经过无数森林,最后它来到了一片沙漠。它试图穿越沙漠,却发现自己渐渐消失在沙漠中。它不甘心试了一次又一次,结果还是徒劳。于是它灰心了:"也许这就是我的命运,我永远也到不了传说中浩瀚的大海。"正当小河陷入痛苦的时候,一个低沉的声音传来,是风:"因为你坚持原来的样子,所以你永远无法跨越沙漠,只要你愿意放弃你现在的样子,让自己蒸发在空中,我就可以带你去。"

小河迷惘了:"那我还是原来的我吗?"

风回答:"怎么不是?不管你是一条河还是看不见内在的水蒸气,你的内在本质没有改变。你坚持你是一条河,是因为你从不知道自己内在的本质。在你奔向目标的过程中,你还会遇到更多的阻碍和困苦。如果你不改变自己前进的姿势,你将永远见不到大海。"听了风的话,小河忽然想起,自己在变成河流之前也是由风带着飞到陆地,在一个山坡上变成雨水落下,才成了今天的河流。于是小河鼓起勇气,投入了风的怀抱。

生活中,每个人都像小河一样,有着自己的梦想,想要跨越途中的障碍取得成功,需要在坚持梦想的前提下,放下自我,改变姿势。只有这样,你才能不断前进,实现你的梦想,你的目标。

古时贤人曾说,天下的道理没有永久的正确。以前所用的或许现在就要丢弃;现在抛弃的,将来或许要用它,关键在时宜。如果一定要以卵击石、破釜沉舟,那也只能说是不自量力的莽夫所为,就如项羽一样,他虽然取得胜利,最终还是败给了刘邦。他有英雄的气概,却没有帝王的谋略。所以聪明人做事,一定要先计划再行动,最后达到目标。希望本书能够给你启示。

目 录

第一章 人生极其短暂,莫拿青春赌明天

人生极其短暂,在年轻时,一定要为自己确定目标,努力奋斗。年轻人遇事总会有一股冲劲,看问题、想事情往往还不是很全面,需要身边的人指点。古人说:"当局者迷,旁观者清。"当事人由于身在其中,往往不能把问题看清楚,看透彻,这就需要多听一听旁人的意见。切忌心浮气躁、盲从、刚愎自用,要多听取意见。

识时务者为俊杰 /3

莫要一条道走到黑 /6

骄横是危险之源 /9

不可恃才傲物 /11

智者当借力而行 /15

多听意见,少犯错 /20

三人行,必有我师 /23

刚愎自用要不得 /25

不要太早下判断 /27

坚持做一个不盲从的人 /29

兼听则明,偏听则暗 /32

勇于接受批评 /34

莫让成见左右自己的言行 /37

第二章 冲动是魔鬼,头脑发热贻害多

生活中不是每件事情都会心想事成,遇到令人愤怒的事情时,不要冲动。冲动是一把刀,不仅解决不了任何问题,而且往往会使事情变得更糟。要学会控制情绪,不要让被冲动牵着鼻子走。要冷静,才能跳出愤怒的包围,化险为夷。

要想成功,就得调整好情绪 /43

遇事保持沉着与冷静 /45

控制情绪才能成就大事 /48

不能心浮气躁 /50

莫要一时冲动 /52

冲动贻害无穷 /55

不与人争一时之得失 /57

妥协不是示弱 /59

切莫偏听偏信,被假象蒙蔽 /61

第三章 凡事三思而行,世间难买后悔药

人生总是要面临很多选择,重大的决定往往会影响我们一生。在作重大决定、重要选择的时候,一定要多方考虑,慎重行事;要三思而行,做事要谨慎;为人处世要冷静,多思量几分,再下定夺。

遇事三思而后行 /67

细思慎行,考虑周全 /70

时刻保持清醒 /73

做个思路清晰的人 /75

比别人多想一点 /77

会动脑筋才能成功 /79

莫计较眼前利益　/81

做人不能太清高　/83

谋定而后动　/85

千方百计抓住时机　/88

第四章　敢干不如会干，无谓风险冒不得

现代社会，竞争越来越激烈，敢于做事的人越来越多，而将事情做得好的人却少之又少。事情做得好的人，往往看得长远，目光敏锐，慧眼识人，能得体处世；对于风险既能做到防患于未然，又能在不断变化的形势中，看清形势，作出正确的判断。

眼光决定成败　/95

事之至难，莫如识人　/97

人弃我取，人取我与　/99

盲从经验吃大亏　/101

不要迷信机遇　/103

不要过于依赖谋略　/105

看清形势，隐身自保　/107

找准定位，寻求错位　/109

挑战缺憾，要会干　/111

克服自卑，学会做事　/113

不必事必躬亲　/115

目光放长远，得失会分辨　/117

要学会转弯　/120

做事要动脑筋　/122

第五章　懂得适时退让，趋利避害保实力

退让不是示弱，而是保存实力，以退为进，也是竞争的一种方略。想要成就一番大事业，就要经历众多磨难，能屈能伸，能退能

让,百折不挠才能冲破人生路上的阻碍。

身处弱势,要忍 /127

以屈求伸保实力 /130

丢卒保车懂退让 /132

保存实力,抽身退让 /134

退一步海阔天空 /136

把握好胜心,懂得忍让 /139

忍心头傲气,获无限收益 /143

适时的功遂身退 /146

能忍则全,能忍则胜 /149

知足不辱,知止不殆 /153

稳中求胜方成大仁 /155

学会弯曲做人 /157

谦卑处世,进退自如 /159

平和待人,适时退让 /161

把握进退,潇洒成就人生 /163

人生路上,要学会低头 /166

第六章　切莫把事做绝,给自己留足后路

　　社会充满了风险,充满了挑战。想要在这样的环境里生存下去,那么做事就不能做绝,要为自己留下余地,留条后路,让自己有重新再来的机会,做事出现偏差后有回旋的空间,尽量挽回损失,汲取教训,不再重蹈覆辙。留条后路,是一种智慧,也是一种宽容,为自己留后路的同时,也为他人留后路。

留后路,不走绝路 /171

智慧之路:后路 /174

不该说的话莫说 /177

有话不必直说 /180

留人情面,不揭人伤疤 /182

凡事预留退路 /184

弓过盈则弯,刀过刚则断 /186

得饶人处且饶人 /190

给自己留余地 /193

善于包容和接纳他人 /195

糊涂待人留余地 /197

宽容是解除疙瘩的良药 /199

生活需要宽容 /202

掌握分寸,找寻余地 /205

第七章　学会韬光养晦,暗储力量待崛起

韬光是指隐藏自己的光芒,养晦是指让自己处在一个相对不显眼的位置。这是一种优秀的策略,即是在准备不充分的时候隐藏起来积聚力量,等待崛起。

形势不利时学会隐忍不发 /211

藏锋露拙,匿其锐示其弱 /216

尽掩峥嵘,真人不露相 /219

隐藏锋芒,静观风云变幻 /221

秘藏不露,君子若愚 /223

收敛个性,得意不忘形 /225

切莫与他人强抢风头 /228

锋芒太盛易夭折 /230

脚踏实地,注重细节 /232

能决善断才能成事 /236

抓住机遇,柳暗花明又一村 /238

别让优柔寡断破坏好结局 /241

韬光养晦,暗储力量 /244

第八章　善于审时度势,时机不到莫乱来

一个人立足社会,人情世故,不得不顾虑良多,如履薄冰。为了保全自己,就要有一双善于审时度势的眼睛,学会随机应变,面对现实,勇于做出决策,能进能退,能屈能伸,等待时机的到来,一击即中。

谋势待发,相机而动　/251

装傻充愣,灵活变通　/255

随机应变要审时度势　/260

善于应变,寻找契机　/262

用尽计策,另辟蹊径　/265

善用巧变之功　/267

要学会变通　/270

遇事要冷静,以不变应万变　/272

一步一个脚印　/275

踏实做事,志存高远　/279

发挥优势,审时度势　/282

适时者昌,懂得审时　/285

等待时机,适时跨越　/287

见机而动是成功的诀窍　/289

参考书目　/291

第一章

人生极其短暂,莫拿青春赌明天

> 人生极其短暂,在年轻时,一定要为自己确定目标,努力奋斗。年轻人遇事总会有一股冲劲,看问题、想事情往往还不是很全面,需要身边的人指点。古人说:"当局者迷,旁观者清。"当事人由于身在其中,往往不能把问题看清楚,看透彻,这就需要多听一听旁人的意见。切忌心浮气躁、盲从、刚愎自用,要多听取意见。

识时务者为俊杰

有一句阿拉伯谚语是这样说的，跛足而不迷路的人胜过健步如飞而误入歧途的人。意思是只要不是误入歧途，选择了正确的方向，什么样的人都有成功的机会。否则，你可能会离你所追求的目标越来越远。

现实生活中有很多这样的故事，但我们以一则有意思的古希腊寓言来说明这个道理：一头驴听了蝉鸣，觉得它的声音很好听，便头脑发热，要向蝉学习唱歌的方法。在驴的苦苦哀求下，蝉答应教它，并告诉它："你首先必须跟我一样，每天以露水充饥。"驴照着蝉说的做了，结果饿得只剩下一口气，倒在地上再也起不来了。我们早已听了很多诸如"天才在于坚持""坚持就是胜利""成功属于锲而不舍的人"等等之类的话。确实，这些话都是至理名言，但很容易给一些思想单纯的人造成错觉，让他们认为仅有痴迷、坚持就够了。事实上，这种想法是片面的。

关于古希腊的驴的故事告诉我们的道理是：超出了自身的客观条件的自我设计是盲目而可笑的，是自我发展道路上的陷阱。我们想要成才，想要有所成就，就必须认识到由于先天条件的限制，我们生理、心理、性格兴趣方各有自身的特点。我们必须根据自身的条件来发展自己的兴趣，发展自己的事业。如果忽视自身的特点，单凭一时的心血来潮自我设计，就会像那头古希腊的驴一样落得一个可笑而又可悲的下场。但如果我们在误入歧途时，能够及时地加以反省，总结经验教训，根据自身的条件来设计自己人生发展的方向，那么我们就有可能取得我们所期望的成绩。

歌德年轻的时候立下的志向是成为一个世界知名的画家。为此他一直沉溺于那些变幻无穷的色彩世界里而不能自拔，付出了长达10年的艰辛劳动，但结果却是收效甚微。在40岁那年，他游历意大利，在看了真正的艺术杰作后，才恍然大悟，自己在绘画方面是难有成就了。最后他痛苦地作出了抉择：放弃绘画，转攻文学。经过长期不懈地努力和摸索，歌德最终成为一名伟大的诗人。晚年他在回顾自己成长的过程时，以自己的经历，告诫那些头脑发热的青年，不要盲目相信兴趣。

纵观古今，许多人早期的自我设计都有一定的盲目性：马克思曾经想当诗人，安徒生想当演员，高斯曾想当作家，但后来他们放弃了自己的初衷，寻找新的发展方向，在新的领域里取得了很大的成就。究其原因，在于他们能及时调整自己奋斗的方向。这也正是他们比常人高明的地方。那么，怎么识别盲目的自我设计呢？要自己放弃追求是很痛苦的事情，半途而废总是让人觉得遗憾。但是，当你付出了巨大的代价而一无所获时，你不觉得应该思考思考，重新估价自己追求的价值吗？在这个时候，价值判断是很有用的，当你发现你花费了很大的代价但所作所为毫无价值时，你就应该发现你所存在的问题了。歌德就是意识到十多年的劳动毫无价值才断定自我设计有失误的。当然，这需要一个漫长的过程，甚至是一个痛苦的、付出艰辛代价的探索过程。歌德感慨道："要发现自己多不容易，我差不多花了半生光阴。"他又告诫后人说："这需要很大的神志清醒，只有通过欢喜和苦难，才能学会什么应该追求和什么应该避免。"

识时务者为俊杰。我们要避免成为健步如飞而误入歧途者，及时发现自己存在的问题，在需要重新梳理自己的人生目标时，勇敢去追求。

评语

　　不要盲目自信,要及时地发现存在的问题。学会调整自己的目标,寻找新的发展方向。生命无比的短暂,不要拿自己的青春赌明天,只有在选对方向的时候,你才能获得成功。

第一章　人生极其短暂,莫拿青春赌明天

莫要一条道走到黑

目标坚定,历来都是成大事者的最爱。但是,正所谓凡事不可千篇一律,在很多时候,我们虽然有着坚定的目标,却在一次次的前进中碰得头破血流。这时候该怎么办呢?可能很多人都会说,既然想要取得最后的成功,就一定要坚持下去。这话固然不错,而且一旦真正地坚持下去,很有可能会有柳暗花明的那一天。但是,这是基于一个前提之下,那就是这个目标必须是适合你的,也就是通过你不断的努力是可以达到的;假如这个目标并不适合你,你越是坚持,越是一条道地往下走,就越有可能跌进固执的万丈深渊而不能自拔。

有一位青年,他对文学非常痴迷,在高考落榜之后便日以继夜地搞起诗歌创作来。他一篇篇地投稿,又一篇篇地被退回。他一气之下跑到新疆去发掘灵感,可是跑遍了所有的地方也没有人愿意收留他。他万念俱灰,饿了五天五夜,步履艰难地回到家里,因为无脸见人服了毒药。被抢救过来之后,他不但受到亲人们的责怪,父母还发誓以后再不认他。他沉痛地说:"一个不幸的人选择了文学,而文学又给了我更多的不幸。"这位青年不能说没有目标和远大的理想,甚至他还有锲而不舍的毅力,但是为什么到了这般田地?感觉好并不一定能够被人接受,别人不能接受就说明行不通。拼搏奋斗的毅力当然很重要,然而盲目用力却只能是白搭。勇气也许并不仅仅是坚持,人生就是一个试错的过程,最可贵的勇气不是在错误上坚持,而是发现自己错了后笑一笑,坦率地说一句:

"我错了。"生命的指南针有时恰恰是告诉我们什么地方不该去,回头是岸。

为什么要一条道走到黑呢?实在不行,就应该果断地放弃,然后再拐个弯,试试另一条路,因为成功的道路不只一条。

有一个孩子,他小时候最喜欢的玩具就是那五颜六色的气球,每次外出玩耍,他的手里总是拿着各种各样的气球。有一次,他母亲带他出去玩。在公园玩耍的间隙,他的母亲从包里拿出了一个精致的口琴,不一会儿就吹出了一首首动听的乐曲。他有心要母亲的口琴,但又舍不得放弃手中的气球。左右为难之际,母亲突然停止了吹奏,笑眯眯地看着他。就在这一瞬间,他作出了选择。他松开了手,毫不犹豫地放飞了气球,然后扑向母亲索要口琴。

这一天,他学会了吹口琴,而更重要的是他从这件事上获得了一个对他一生影响深远的启示,那就是:当人生需要作出选择时,该放弃的就必须勇敢地放弃。这之后,他考上了音乐学院,虽然这对他无异于如鱼得水,但是当他发现自己对音乐并不是那么钟爱时,他毅然选择了放弃,转而进入纽约大学商学院学习,学习自己更感兴趣的经济。1950年,他获得经济学硕士学位,并得到去哥伦比亚大学深造的机会。在这所大学里,他遇到了他一生中最伟大的良师益友,后来曾在尼克松总统麾下效力的美国联邦储备委员会主席亚瑟·博恩斯教授。从此,他放弃了一切该放弃的东西,一心一意地关注经济学,将全部的精力都放在了对经济学的研究上,并很快成为这个领域的高手。1987年,当里根总统任命他为美国联邦储备委员会主席时,他一下子便成了一个重量级的人物。他就是艾伦·格林斯潘。我们每个人的一生中,都会像小格林斯潘那样,手中抓满各种各样的气球,比如金钱、权力,以及已有的成绩与地位。这些既得的利益与成果。虽然能给我们一种保障与安全感,但同时也很容易消磨我们的斗志与勇气,阻碍我们去追求更远大的人生目标。因为当更好的发展机会来到我们面前时,面对已经取得的利益,并不是每个人都有勇气放弃的。

生命的过程,就是一个不断选择与放弃的过程,选择一条道走到黑并不明智。放弃所有你并不真正需要的东西,转而抓住你真正愿意用毕生精力去研究的东西。只有这样,你的生命才可能获得它的最大值。

该放弃时就要勇敢地放弃,这样才能去追寻更远大的目标。一条路走到黑,既浪费了青春,又失去了重新选择的机会。

第一章 人生极其短暂，莫拿青春赌明天

骄横是危险之源

古往今来，因骄横而奢侈、淫逸、放荡、无恶不作，终致败家的事例数不胜数。其中许多是父兄骄，子弟也骄；也有父兄并不骄，而是疏于管教子弟，致使其因骄横而倒行逆施乃至丧身灭族。

西汉的上官桀，年轻时只是个小小的羽林侍郎，一次偶然机会使他发了迹。一天，他跟随汉武帝到甘泉宫，路上恰遇大风雨，辇车无法前进，车盖也被刮得东倒西歪，使帝驾无法避风雨。于是上官桀把车盖解下来双手擎着以护驾。大风大雨持续了好长时间，他始终勉力用车盖挡住风雨以护驾。事后，武帝对他的举动感到满意，升迁他做了未央厩令，负责喂养马匹。这仍是个不大的官职，但上官桀善于阿谀逢迎、巧言令色，随时为自己寻找升迁的机会。有一次，武帝生了一场病，病好后见许多马匹都很瘦弱，就对他大发脾气道："你以为我再也不能来看我的马了吗？"并打算把他交付审判。上官桀磕着头说："我听说圣体不安，日日夜夜都在忧伤着，确实没有心思再去喂马了。"边说边涕泪交流。武帝大为感动，认为他很忠诚，从此便格外亲近、宠幸他，封官赐爵至太尉，位在霍光之上。武帝临终遗诏命霍光任大将军辅少主，上官桀为副。自此之后，上官桀的骄横日甚一日，仗着孙女儿是皇后，开始与霍光争权。此人正是所谓得运乘时、幸致显宦而自骄自满者。

其子上官安由于耳濡目染，加上因为是皇后之父而封侯升官，于是由骄横而淫乱再而作恶多端，在宫殿上受到赏赐，出来后便骄示于人：

"刚才和我的女婿一起喝酒呢，好开心哟！"他淫乱无度，连他父亲身边的妻妾也不放过。

上官桀、上官安父子由极骄极满终至要杀害霍光，废皇帝而自立，最后被灭族。此为父骄子傲而终于败家的典型例子。

东汉大恶梁冀的父亲梁商，虽然是皇后的父亲，又被封为大将军，皇亲兼居高位，但为人较为谦恭和顺，且又能荐举贤才。每逢民间闹饥荒，他总要拿出自己封地的租谷赈济灾民。因此，东汉顺帝很倚重他，旁人也大加称赞。可惜的是，梁商谨慎有余，而果敢威严不足，虽然对亲属子弟也时有告诫，但终究没有约束教导好自己的儿子梁冀，最后招致灭族的惨祸。

梁冀在其父亲活着的时候，就非常暴戾骄横，干了许多违法的事情。洛阳令吕放曾经向梁商检举过梁冀，使他受到梁商的责备，梁冀便派人刺杀了吕放，事后还施放烟幕，嫁祸吕放的仇家，以遮蔽其父的耳目。梁商死后，梁冀任大将军。东汉顺帝去世后，无论冲帝还是质帝在位时，都由梁太后临朝，太后即梁冀的妹妹，这样实际上是梁冀专权。质帝虽然年仅 8 岁，但很聪明，眼睛瞧着梁冀，对朝臣们说："这是一位跋扈将军。"梁冀听后，当天便把他毒死了。

桓帝初年，梁冀和他的家族成员一个个都加官晋爵，这就使其更加骄奢淫佚。那时候，全国各地凡向朝廷进贡，都得先送给梁冀，皇帝还在其次。官吏和百姓带着礼物和金钱去向梁冀求官或求情的，一批又一批地接连不断。梁冀更是由骄而淫乱，竟和自己父亲的美人私通。谁家的妇女长得漂亮一点，只要被梁家的爪牙们见到了，随时都有被抢掠去的危险。随着荣宠和权力的增加，梁冀的骄横更变本加厉，穷凶极恶。他掠夺良家妇女充做奴婢，毒杀向他辞行的荆州刺史，暗杀上书朝廷指斥其罪行的郎中，恶贯满盈，祸及三族，终遭灭顶之灾。

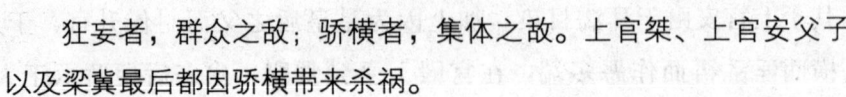

狂妄者，群众之敌；骄横者，集体之敌。上官桀、上官安父子，以及梁冀最后都因骄横带来杀祸。

不可恃才傲物

有才华当然有助于一个人成就事业、创造辉煌;可是如果你不能完全控制它,它就会变成你职业生涯的拖累,毁掉你的事业。职场中很多聪明能干的才子佳人,一朝得意,最终失败,致命原因通常是性格过于张扬霸道,恃才傲物,亲和力太小,摩擦力太大。成功对他们来说永不可企及。

常言道"聪明反被聪明误",指的就是这类人。他们往往凭借自己的强势突显于整个群体,从而破坏了整体的和谐,造成"鹤立鸡群"的尴尬局面。如此这般,受到孤立是在所难免的,更有甚者,会招致杀身之祸。杨修天资聪颖,才学过人,深得曹操器重。他官拜相府主簿,替曹操捉刀代笔,掌管相府往来文印。他以体察曹操心计为荣,最终被曹操一声令下,落得个身首异处的悲惨结局。其实,杨修惨就惨在他的才学过人。他深谙曹操心理,在同僚面前夸耀的同时,却不知天下强主必多疑,终遭杀身之祸。可谓聪明反被聪明误!

俗话说:木秀于林,风必摧之;堆出于岸,流必湍之。这说明一个人如果太突出太优秀,让多数人显得平庸,本身就已经很容易遭人暗算了。即使你不想得罪人,也会有人出于嫉妒而暗放冷箭的。如果再不谨言慎行,而是露才扬己,张扬行事,只会引祸上身。

对于那些有才能的人来说,要想避免遭受职场挫折的命运,放下身段是非常重要的一步。一个喜欢摆架子的人只会使自己的就业之路越走越窄。如果你讲究"架子",计较"得失",就人为地给自己画了一个圆,限制了自己的手脚。别人用起你来也会瞻前顾后、顾虑重重,最后自然会将目光投向他处。

可是有些人就是不明白这一点。适应不了工作环境的时候,他们不是从自身找原因,而是牢骚满腹,一会儿埋怨领导平庸,一会儿指责环境太差,动辄就把自己的工作失误归咎于"无能"的同事没法给予自己应有的配合,总之是不打击完所有的人不罢休。如果你这样做了,领导最终认为你不过是绣花枕头一个,既没有多少真才实学,更缺乏良好的团队意识;同事们觉得你就像害了狂犬症一般,到处乱咬,害人不浅,于是大家就像躲避瘟疫似的躲着你。试想一下,这样一来,你的发展空间还有多大?发展机会还有多少?

懂得证明自己的价值固然勇气可嘉,指点江山、激扬文字的气度固然很潇洒,但是踏踏实实工作的精神更重要。每一位员工都必须清楚自己的实力,知道自己的特长,找准自己的定位;不要自以为是,认为自己样样全能,在任何部门工作都必须融入到单位的团队里去。要学会从底层做起,从普通工作做起,从小事做起,不断学习,不断提高和突破自己,凡事都不能操之过急,应该一步一个脚印,积累雄厚的实力。

做什么事情都不要锋芒毕露,适当表现一下,偶尔露一下锋芒,可以给上司、同事留下一个良好的印象;但是一定要把握好度,不可做得太绝。不要急于提意见,千万别越位,让上司、同事消除戒心。要懂得先保护自己,收敛锐气,等待时机,切忌以自我为中心。应当说,自我表现是人类的一种天性。的确,人类喜欢表现自己就像孔雀喜欢炫耀美丽羽毛一样正常。但是,刻意的自我表现会使热忱变得虚伪,自然变得做作,最终的效果还不如不表现。

真正的展示教养与才华的自我表现无可厚非,只知刻意地自我表现才是最愚蠢的。卡耐基曾指出,如果我们只是要在别人面前表现自己,使别人对我们感兴趣的话,我们将永远不会有真实而诚挚的朋友。

在公司里,要想出人头地,的确需要适当表现自己的能力,让同事和上司看到你的卓越之处。但许多心高气傲的职员往往陷入这样的误区，就是把表现自己的时机错误地放在了与自己同处一个地位的同事面前，不知什么是收敛，结果往往在职场竞争中输得莫名其妙。本来同事之间就处在一种隐性的竞争关系之下，如果一味地刻意表现，不仅得不到同事的好感，反而会引起大家的排斥和敌意。其实，表现自己并没错。在现代社会，充分发挥自己潜能，表现出自己的才能和优势，是适应挑战的必然选择。但是，表现自己要分场合、方式。尽量不要让你的表现看上去矫揉造作，好像是做样子给别人看似的。在众多同事面前，只有你一个人表现得特殊、积极，往往会被人认为是故意推销自己，结果会得不偿失。

在需要关心的时候关心同事，在工作上该出力的时候全力以赴，才是聪明的表现。而不失时机甚至抓住一切机会刻意表现出自己"关心别人""是领导的好下属""雄心勃勃"的人，则会让人觉得虚假而不愿与之接近。在工作中，往往有许多人掌握不好热忱和刻意表现之间的界限。不少人总把一腔热忱的行为演绎得看上去像是故意装出来的。也就是说，这些人学会的是表现自己，而不是真正的热忱。真正的热忱绝不会让同事以为你是在刻意表现自己，也不会让同事反感。

不恰当表现的另一个误区就是经常在同事面前显示自己的优越性。职场中不难发现这样的同事，其人虽然思路敏捷，口若悬河，但一说话就令人感到狂妄，使别人很难接受他的任何观点和建议。这种人多数都是因为太爱表现自己，总想让别人知道自己很有能力，处处想显示自己的优越感，以期能获得他人的敬佩和认可，结果却是失掉了在同事中的威信。

法国哲学家罗西法古有句名言："如果你要得到仇人，就表现得比你的朋友优越吧；如果你要得到朋友，就让你的朋友表现得比你优越。"因此，聪明的员工总是对自己的成就轻描淡写。

另一方面还要记住：留点儿机会给别人。扬扬相貌出众，活泼大方，在单位里的人缘却不很好。原来她"太爱表现自我"了。老板来了解情况时,她总是抢着发言,次次都成了她和老板的单独对话,剥夺了其他同事交流的机会。大伙在一起聊天时,只能听她一个人说,或者只能谈她所感兴趣的话题,否则她就不感兴趣,不耐烦或干脆走人。老板在场时,她就非常张扬地表现自己;而老板不在场时,她就敷衍了事,能躲就躲。

仔细分析一下,别人未必是反感扬扬的"爱表现",每个人从内心深处来说都是"爱表现"的。别人反感的是,她只顾自己表现,而且把别人表现的机会都抢走了,过分自私。现实的逻辑是,如果你总以自己为"主角",把他人当"观众",则这台戏是唱不久的。别人会拆你的台,冷你的场,让你孤零零地唱"独角戏"。试想,你连一个观众都没有了,还能表现给谁看呢?

　　恃才傲物的人,往往让人反感,既不利于与身边的人处理好关系,也不利于自身的发展。在其位谋其职,才是聪明的表现。

智者当借力而行

俗话说：孤掌难鸣，独木不成林。就算我们浑身都是钢，也打不了几个钉。这就需要寻求他人的帮助，借他人之力来方便自己。

19世纪末20世纪初，瑞典著名探险家萨洛蒙·安德烈为了得到北极圈内有关的科学数据，从而填补地图上的空白，组织了一次北极探险。

1895年，经过周密计算和安排，安德烈在瑞典科学院正式提出乘飞艇到北极探险的计划。在此之前，安德烈曾在美国学习了有关航空学的全部理论，并且制造过由气球发展起来的飞艇，有关飞行试验在美国和欧洲曾引起轰动。但问题是，由于大家对北极探险不信任和不关心，也就很少有人愿意提供经费。没有钱，一切都无从说起。没办法，安德烈只好去找那些大富豪和大企业家，却总是吃人家的闭门羹抑或是被他们以各种理由委婉地拒绝……就在安德烈灰心丧气的时候，总算有一位好心而且开明的大企业家表示愿意提供赞助，同时还给安德烈提出了一个非常重要的建议：希望这项冒险计划得到人们的关注，如果就这样悄无声息地走了，则削弱了这次探险的意义。

安德烈觉得很有道理，于是略加考虑之后，想出了一个大胆的办法。把自己的探险计划写成一篇极其详细严谨的论文，用大量证据论证了探险计划的可行性及其意义。然后，安德烈请那位开明的企业家想方设法把文章呈献给国王。经过一番周折，瑞典国王总算看到了安德烈的文章，也开始对这个大胆的计划好奇起来，把安德烈招来询问有关探险的具体情况。没想到，国王和安德烈越谈越投机——理所当然，当安德烈要求国王象征性地提供一些赞助的时候，国王毫不犹豫地答应了。

这个消息很快传开了。不少社会名流和富豪见国王对北极探险产生了兴趣，一窝蜂地也跟着"关心"起来；至于那些为数众多的普通民众，更是把北极探险当成茶余饭后的闲谈。就这样，奔赴北极探险的事终于由一个人苦苦奔波的事业演变成了一项社会大众关注的事，而安德烈也如愿以偿地筹集到了足够的经费！

巧借他人的力量和威名来达到自己的目的，这是一种至上的韬略。安德烈正是借助国王的力量，才使自己的探险取得了成功。

公元617年5月，一直处在韬光养晦中的隋朝太原留守李渊，见时机成熟，准备起兵反隋。当时东、西突厥再度强盛，太原又地处突厥骑兵经常出没袭扰的地方。为解除后顾之忧，李渊亲自用十分卑躬的口气给突厥写信求和，又以厚礼相赠，希望得到援助。突厥始毕可汗却回答说，李渊必须自立为天子，突厥才会派兵援助。眼看力量强大的突厥有意支持，李渊部下的文臣武将无不欢呼雀跃，纷纷劝谏李渊赶快自立封号、坐地为皇。说实话，李渊当然也有称帝的梦想，但此时，他却异常冷静。

李渊清楚地知道，自己原本是大隋的臣僚，与农民起义军有着天壤之别，想要坐上龙椅，只有依靠那些新兴的贵族、官僚和豪强势力。但这股势力的人却都有着浓厚的"忠君"意识，只想反对某一个皇帝，只想用一个"明主贤君"去代替当朝的"暴君昏君"，却绝不容许推翻或改变整个政治制度。再者，从隋炀帝前不久镇压杨玄感反兵之迅速、果断和残忍来看，杨广对于和农民起义军一样进行反叛的贵族阶层更为深恶痛绝。隋朝虽行将就木，但它毕竟是一国之政权所在，如果隋炀帝集中力量来剿灭李渊，那么那时恐怕有十个李渊也是难逃灭顶之灾。

经过一番深思熟虑，李渊果断地否决了部下的建议，不但没有拥兵起义，反而打出了"尊隋"的旗号，尊隋炀帝为太上皇，拥立留守关中的杨广之孙代王杨侑为新皇帝，并移檄郡县，改变旗帜。如此，在突厥看来，李渊声势浩大，马上便要自立，自己的建议已被采纳，也就不再随意侵扰，还有条件地给予支持。而隋朝当权者，虽然也有些怀疑李渊身藏野心，但他毕竟打着"尊隋"的旗号，不像农民军那样攻城略地，于是也就简单地做了一些少量的防御布置，而不是立即就出兵讨伐或者是围剿。

只有李渊自己心里清楚，"尊隋"只不过是个权宜之计而已。隋朝是一棵正在快速腐朽的大树，自己在刚刚破土、尚为幼苗之时，机敏地把根子扎在这棵大树的底下，一边饱吸大树的水分与养料，一边借着大树的枝叶遮风挡雨，甚至让大树误认为这棵小苗乃是自己身体的一部分而加以悉心保护。一旦等到自己羽翼丰满了，便一脚蹬开隋朝这截烂木头，建立自己的王朝，也就是情理之中的事情了。

在"尊隋"大旗的遮掩之下，李渊的唐军迅速从幼小变成了强大，并且最终推翻了腐朽没落的大隋王朝。李渊用计何其妙也！

胡雪岩，名光墉，浙江仁和（今杭州）人，出身贫困，后经商致富，并与洋务派官僚左宗棠相交，得以为官。但他并未放弃经商，始终保持亦官亦商的身份，人称"红顶商人"。胡雪岩小时，因家庭贫穷而无法去私塾读书，只好在家自学；后经亲戚推荐，来到杭州阜康钱庄当学徒。三年满师后，他被升为钱庄跑街。所谓跑街，即为钱庄招揽生意和讨要债款者。当时的杭州，有很多候补、捐班的官吏。他们花钱捐了官，就等着有空缺时外放做知县、知府一类的实职官员。由于花了很多钱捐官，在候补期间，他们中许多人两手空空，只能向钱庄借贷；即使补了缺，上行时打点也需要钱，还得向钱庄借。胡雪岩充当钱庄跑街，主要就是招揽这批人的生意以及督促他们到期还钱。这是一个不好干的苦差事，想做得圆满，还需处处小心，笑脸相陪，有时还得来点硬的，软硬兼施。胡雪岩以他坚强的毅力挺了下来，并逐渐锻炼得机敏、泼辣，善于投机。留给他人的印象则是慷慨好义，能济人急难，所以赢得了人们的信任。这一切都为他后来的发迹打下了基础。关于胡雪岩的发迹致富，有种种传说，比较流行的是说他曾借钱助人，受助者后来为报恩又支持他开钱庄，因此发迹。他所助之人，一说为王有龄，一说为湘军的一个营官。

王有龄是当时的浙江巡抚，年轻时因父亲去世，曾贫困潦倒，流落杭州。一天，他遇到正在跑街的胡雪岩。胡雪岩见他气度不凡，不像没出息的人，便询问他为何这般落魄。王有龄将自己的处境告知胡雪岩。胡雪岩表示愿助一臂之力，可送他进京谋官，遂将刚为钱庄收上来的一笔500两银子借给他。王有龄不愿接受，怕胡雪岩回去后会受老板责罚。胡雪岩表示没关系，有什么风险自己一人承担。

王有龄千恩万谢地拿了钱北上，终于找到有权有势的故交，当上了浙江粮台总办。王有龄得官职后便去找胡雪岩，将以前所借的银子加上利息奉还，一再致谢，又让他辞了跑街的差使，支持他自办钱庄。几年后，王有龄升任浙江巡抚，又保荐胡雪岩接任粮台，使胡雪岩成了掌管浙江粮食的最高官员。胡雪岩本有经商才能，钱庄经营得很红火，加之掌管粮食，其事业就更兴旺了。他相继开设了不少店铺，并与外商做生意，手头周转之钱常以千万两计，终成为富甲杭州的大商人。

还有一种说法，是说湘军的一个军官到胡雪岩所在的钱庄借贷银2000两。当时老板不在，胡雪岩自作主张借给了他。老板回来后知此事大怒，将其赶出店门。不久军官来还钱，在路上遇到已失业的胡雪岩，见他似乎很穷困，问明原因，知是为自己借钱事所致，深觉过意不去，便请他去军营，供以衣着美食，并把自己得的10万两白银交给他去开钱庄，后又辗转把他引荐给浙江巡抚王有龄。由于王有龄的扶持，胡雪岩渐渐致富。

不管哪种说法，都能看出胡雪岩之发迹与王有龄密切有关。正是受恩于王有龄，他才有了官府做经商的靠山，故能事事顺遂。自然，王有龄对胡雪岩倾心倚重，也在于他自有让人信赖的品质和能力，而且是一般商人难以企及的。

 评语

想要成就大事业，单单靠自己的力量是远远不够的。聪明的人，往往会借助外部的力量，让自己获得成功。这不仅是一种谋略，更是促进成功的一种智慧。

多听意见，少犯错

古人云："当局者迷，旁观者清。"当事人由于身在其中，往往不能把问题看得清楚、透彻，这就需要多听一听旁人的意见。

战国初期，春秋五霸之一的齐桓公的儿子齐威王刚刚继承父位时，和楚庄王最初执政时有点相似，不怎么把国家大事搁在心上。楚庄王"三年不飞，一飞冲天；三年不鸣，一鸣惊人"。可是齐威王一连九年，不飞不鸣。在这九年当中，韩国、赵国、魏国时常来侵犯齐国，可齐威王也不着急，打了败仗，也丝毫不在乎，还不准大臣们进谏劝说。一天，有位琴师求见齐威王，自我介绍说是齐国人，叫邹忌，听说齐威王爱听音乐，特来拜见。齐威王就把邹忌召进宫去。在拜见国君之后，邹忌把琴放好，调准了琴弦，像是要弹琴的样子，可是两只手却搁在琴弦上不动了。

齐威王不解，问道："你调了弦，怎么不弹？"邹忌说："我不光会弹琴，还懂得弹琴的一套大道理。"齐威王不太清楚弹琴中的道理，就让他讲来听听。

邹忌把弹琴的道理讲得天花乱坠。齐威王听得似懂非懂，终于不耐烦了，对邹忌说："你已经讲了半天，为什么还不给我弹琴？"邹忌反问道："君主你瞧我老拿着琴不弹，有点不乐意了吧？怪不得齐国人瞧着您老拿着齐国这张大琴，九年都不动一个指头，也有点不乐意呢！"

听了这话，齐威王立即起身，说："原来先生是拿琴来劝我的，我明白了。"齐威王命人把琴拿下去,和邹忌谈起了国家大事。邹忌劝他搜罗人才,重用有能耐的人,增加生产,节省财物,训练兵马,建立霸主的功业。齐威王听得非常高兴,就任命邹忌为宰相,让他整顿朝廷的事务和全国各地的官员。

邹忌做了宰相后,帮助齐威王把齐国治理得井井有条,全国百姓都称齐威王是个英明的君主。齐威王因此非常得意。邹忌见此有些担心,怕齐威王骄傲起来,就想找个机会提醒他。那一天,邹忌早上起来,穿好衣服,戴上帽子,对着镜子瞧瞧,觉得自己很漂亮,心里很得意,就问妻子:"我跟北城的徐公比起来,哪个漂亮?"他说的那位徐公,是齐国著名的美男子。

妻子听邹忌这样问,就不假思索地说:"当然是你美,徐公哪比得上你!"邹忌不大相信妻子的话,就问刚走进房间的小妾:"我跟城北的徐公相比,到底哪个漂亮?"小妾说:"还是你漂亮,徐公比不上你!"过了一会儿,有一位客人来到邹忌家,两个人坐着谈了一会儿。这位客人是来向邹忌借钱的,邹忌对他问了同样的问题,他的回答和邹忌妻子、小妾的回答是一样的,说邹忌比城北徐公漂亮。凑巧的是,第二天,城北徐公到邹忌家拜访他。邹忌一见徐公,不觉一愣,天下竟有这么漂亮的美男子!顿时觉得自己比不上徐公。这天晚上,邹忌躺在床上琢磨着,终于悟出其中的道理,而且想到可以用这个道理去劝说齐威王。

第二天清晨,邹忌来到皇宫,把这两天关于自己和徐公的事情讲给齐威王听,自己是怎样问的,妻子、小妾、客人是如何回答的,都详细地说了一遍。齐威王听了,笑着问:"你说你比不上徐公漂亮,可你的妻子、小妾、客人,为什么都说你比徐公美呢?"邹忌说:"我的妻子说我美,是因为她偏向我;我的小妾说我漂亮,是因为她地位低,怕我;我的朋友说徐公不如我,是因为他有求于我,故意恭维我。"

齐威王说:"你讲得对,听了别人的话,是得好好考虑一下,不然的话,就容易受蒙蔽。"邹忌紧接着说:"是呀!我想齐国有方圆上千里的土地,120 座城池。王宫里的美女侍候君王;您的群臣,没有一个不害怕君王您；全国各地的人，没有一个不想得到君王您的照顾而有求于您的。从这些情况看来，您是很容易受到蒙蔽的，所以您一定要提高警惕。"

邹忌的这一番话，齐威王觉得很有道理，立刻下了一道命令："不论朝廷大臣、地方官吏和老百姓，能当面指出我的过错的，得上等奖赏；能以书面方式指出我的过错的，得中等奖赏；能在背后议论我的过错而传入我耳朵里的，也能得下等奖赏。"

此后，提建议的人门庭若市，齐国也逐渐强大起来。

齐威王听取了邹忌的意见，最终国家使国家强盛起来。在生活中，不要固执己见，要多听取他人的意见，要善于采纳别人劝告。如果别人说的是对的，那么就要虚心接受，否则只能浪费光阴。

三人行，必有我师

孔子说过："三人行，必有我师。"意思是讲：哪怕是伟大的人物，也有他的缺点和不足；哪怕是平凡的人，也有他的长处。所谓"尺有所短，寸有所长"，要以人之长，补己之短。

20世纪60年代，刚从大学毕业分到中国科学院电子研究所从事语言声学工作的陈明远，就郭沫若发表在《人民日报》、《人民文学》上的白话诗写信给郭老，措辞极其尖锐地批评说："读完那些连篇累赘的分行散文，人们能记住的只有三个字，就是你这位诗人的大名。编辑同志大概对你的大名感到敬畏，所以不敢不全文登载；但广大读者却对你的诗名寄托希望，所以不能不表示惋惜，甚至因失望而导致嘲笑、挖苦……"

郭老给陈明远复信说："我实在喜欢你，爱你。我告诉你，你的信一点不使我'烦扰'，而是非常高兴。"并对他敢于说真话甚为赞赏。郭老约见陈明远，笑着问他："如果你当诗歌编辑，我的诗稿落到你的手里，你如何处理？"

陈明远仔细想了一下说："对你的来稿，我准备分三类处理。一类像《骆驼》《罪恶的金字塔》那样的好诗，和少数合格的诗，予以发表。二类对有可取之处但需斟酌的，提出意见让你修改，改好再定。三类对诗味索然的当做散文、杂文看待，或者干脆扔掉。这样才能对得起广大诗歌爱好者，真正爱护你的诗句。"郭沫若这位大学问家听后哈哈大笑，连声说："好！遇到你这样的编辑就好办多了！真是求之不得！"

俗话说:"愚者千虑,必有一得;智者千虑,必有一失。"在信息大爆炸的当今时代,知识更新速度越来越快,谁也不可能是"万事通",谁也不能保证自己所学的知识一辈子够用。我们需要牢记"三人行,必有我师"的告诫,努力做到谦虚谨慎、不耻下问,克服自以为是、好为人师的毛病,要有甘当小学生的精神。

三人行,必有我师。择其善者而从之,其不善者而改之。别人好的方面,我们要学习,不好的方面要改正,这样我们才能进步。

刚愎自用要不得

听人劝，吃饱饭。每个人都可能办错事、说错话，但这并不可怕，可怕的是我们有许多人因害怕丢面子，不敢承认自己的错误，面对别人的劝告，仍旧护短遮丑、羞羞答答、吞吞吐吐，结果越陷越深。

一个人不论职位高低，有短敢揭短，人们就不觉得你有短；有丑敢亮丑，人们就不觉得你有丑。敢于揭短亮丑，是诚实可靠的表现，不但不会失去面子、威信和信任，反而会提高威信，增加影响。人总是在不断地从错误到正确再到错误，然后再正确，重复不断，循环往复。只有这样，人才能不断地从错误中总结经验，进而得到发展，然后逐步完善，最终成为一个比较完美的人。

有句俗语说："吃一堑，长一智。"犯了错误并不可怕，这次错了，吸取教训，可以防止下次再犯错。犯了错误或有着某种错误观点而执迷不悟，继续强硬坚持，甚至顽固地不接受他人的意见或劝说，这种做法讲得文雅一点是刚愎自用，讲得通俗一些就是顽固不化。人生在世，要做的事情很多，要接触的新事物也很多。然而这么多的事情不可能每一件都做得非常好，或者说不可能什么事情、什么知识都懂，也就难免会犯错误。这时，就需要有人来指点我们或者给我们提供好的建议。特别是我们的知心朋友的建议更值得参考。

在我国古代，凡是贤明的君主身边必定会有几个或几十个忠诚的大臣或谋士，专门为君王提供建议。成就霸业的君王在建国初期，很少有刚愎自用者，否则他也不会霸业有成。不光是君主，每一个有所作为的人，都非常善于接受他人的意见。当然，历史上也出现了不少由于固执、刚愎自用而失败的人。比如说三国时期蜀国的马谡，由于一味顽固自信，而不接受诸葛亮的建议，最终导致了"失街亭"。马谡的失败，给蜀国带来了致命的打击。虽然事后马谡自己也追悔莫及，诸葛亮挥泪斩马谡，可这又有什么用呢？世上卖什么药的都有，就是没有卖后悔药的。

所以说，刚愎自用者的顽固、不肯接受他人意见是一个致命的弱点。不肯接受他人意见，对于朋友的规劝或忠告置若罔闻，不仅会使自己头破血流，还会严重伤害朋友的心。因为只有真正的朋友才会指出你的错误，提出中肯的建议。提供建议本身就认为着坦诚和信任。如若把良药当做烂草，把忠言当做耳边风，怎能不使朋友伤心呢？伤心和失望会使你的朋友离你而去。没有武二郎的本事，却还要"明知山有虎，偏向虎山行"，这种做法，不是勇猛，而是愚蠢。

没有人会同情一个由于固执己见而失败的人，相反，除了朋友在伤心之余的痛惜外，还会招来对手痛快的嘲笑和幸灾乐祸。所以，这种令亲者痛、仇者快的事是万万做不得的。要善于接受别人的意见，朋友的忠告更应该虚心听取。"良药苦口利于病，忠言逆耳利于行"。奉承的语言我们可以不去理会，但诚恳的忠告却一定要用心去听，特别是在自己有了错误的时候。头撞南墙的滋味并不好受，为什么非得要等到头破血流才罢休呢？

不管是普通人还是伟人，不管是小职员还是领导者，都应该养成善于接受他人意见的习惯。但是，这种善于接受意见绝不是无主见的接受，把别人的话当做救命的稻草。对人而言，我们要慎听幼稚轻率者的献策；就事来讲，要慎听那种过激的言论。对于别人的意见，要经过自己的深思熟虑之后才能接受。

人生在世，谁也不能保证一辈子不犯错。犯错时，就要多听取别人的意见。刚愎自用只会使自己前面的路越来越窄，越来越走不通。它不是成功之路，而是失败之途。

不要太早下判断

有这么一幕电视广告：一个男人在厨房忙着煮意大利面，家里的白色波斯猫跳到炉台上叫个不停。男人一手拿切菜刀，一手赶那只猫，慌乱中，不慎打翻炉子上那锅猩红的西红柿酱。西红柿酱洒了一地，炉台上那只猫恰巧也跌进地上的酱汁中，沾了一身血红。就在那男人一手抓住猫后颈的毛，将它提起解围时，大门开了，进来的女人只见他一手拿刀，一手抓猫，满地是"血"……

这时电视画面打出一行大字：不要太早下判断。这个公益广告真是发人深省。很多时候，我们"亲眼所见""亲耳所闻"，真是我们所"认为"的那样吗？最浅显的例子是变魔术。闻名国际的魔术师大卫，可以在众目睽睽之下把自由女神变不见。如果光用眼睛看，这魔术似乎是真的，但我们都知道，那只是魔术，不会受骗。"亲眼所见"，未必是真，那么"亲耳所闻"呢？

《三国演义》里记载，曹操行刺丞相董卓不成，逃到成皋投奔父执辈乡亲吕伯奢。生性多疑的曹操怕乡亲出卖他，想偷听主人谈话，却听到某个厅房传出说话声："把他绑起来杀掉，怎样？"曹操一听，以为主人要杀他，赶紧"先下手为强"，一口气杀了吕府男女八人，后来杀到厨房，发现一只被绑待宰的猪，才知道自己误杀好人，但憾事已无法挽回了。

还有一种情况会让我们下错判断——听信谣言。魏国大臣庞恭问魏王："如果有人告诉殿下，街上有老虎，大王信吗？"魏王说："街上怎么会有老虎？"庞恭又问："如果有第二个人说街上有老虎，大王信不信？"魏王说："半信半疑。""如果有第三个人说街上有老虎呢？"魏王说："那就不得不信了。"谣言的可怕就于在此：若很多人都这么说，即使是谎言，也会动摇我们的信念。

因此，不要太早下判断。我们看到的、听到的，究竟是不是我们"以为"的那样呢？时间会说明一切。

"亲眼所见"，未必属实；"亲耳所听"，未必为真。在不了解情况，不清楚事实时，不要太早下判断。

坚持做一个不盲从的人

爱默生曾经说过:"想要成为一个真正的'人',首先必须是一个不盲从的人。你心灵的完整性是不容侵犯的……当我放弃自己的立场,而想用别人的观点去看一件事的时候,错误便造成了……"

的确,一个人,只要认为自己的立场和观点正确,就要勇于坚持下去,而不必在乎别人如何去评价。美国的威尔逊在最初创业时,只有一台分期付款赊来的价值50美元的爆米花机。第二次世界大战结束后,他做生意赚了点钱,于是就决定从事地皮生意。当时,在美国从事地皮生意的人并不多,因为战后人们一般都比较穷,买地皮建房子、建商店、盖厂房的人很少,地皮的价格也很低。当亲朋好友听说威尔逊要做地皮生意时,都强烈地反对。而威尔逊却坚持己见,认为反对他的人目光短浅,虽然连年的战争使美国的经济很不景气,可美国是战胜国,经济会很快进入大发展时期。到那时买地皮的人一定会增多,地皮的价格会暴涨。于是,威尔逊用手头的全部资金再加一部分贷款在市郊买下很大的一片荒地。这片土地由于地势低洼,不适宜耕种,所以很少有人问津。但是威尔逊亲自观察了以后,还是决定买下了这片荒地。

他的预测是:美国经济会很快繁荣,城市人口会日益增多,市区将会不断扩大,必然向郊区延伸,在不远的将来,这片土地一定会变成黄金地段。后来的发展验证了他的预见。不到三年时间,美国城市人口剧增,市区迅速发展,大马路一直修到威尔逊买的土地的边上。这时人们才发现,这片土地周围风景宜人,是人们夏日避暑的好地方。于是,这片土地价格倍增,许多商人竞相出高价购买。但威尔逊不为眼前的利益所惑,他还有更长远的打算。后来,威尔逊在这片土地上盖起了一座汽车旅馆,命名为"假日旅馆"。由于它的地理位置好,舒适方便,开业后,顾客盈门,生意非常兴隆。从此以后,威尔逊的生意越做越大,他的假日旅馆逐步遍及世界各地。

坚持一项并不被人支持的原则,或不随便迁就一项普遍为人支持的原则,都不是一件容易的事。但是,一旦这样做了,就一定会赢得别人的尊重,体现出自己的价值。

美国人曾经必须靠个人的决断来求取生存。那些驾着马车向西部开发的拓荒者,遇到事情时并没有机会找专家来帮忙解决问题。不管是遇到紧急情况或任何危机,他们也只能依靠自己。印第安人来攻击的时候,没有警察,他们只能依靠自己的智慧和力量;要想安顿家庭,没有建筑公司,完全得靠自己的双手;生病时,没有医生,他们便依靠常识或家庭秘方;想要食物,便是靠自己去耕种或猎捕。这些人,每当遇到生活上的各种问题,都得立即下判断,做决定。事实上,他们也一直做得很好。

现在人们生活在一个充满专家的时代。由于人们已十分习惯于依赖这些专家权威性的看法,所以便逐渐丧失了对自己的信心,以至于不能对许多事情提出自己的意见或坚持的信念。这些专家之所以取代了人们的社会地位,是因为是人们让他们这么做的。

有许多小儿科医生会告诉人们如何喂养、抚育和照顾孩子,也有许多幼儿心理学家告诉父母如何教育子女;经商时,有许多专家会告诉父母如何使生意成交;在政治上,人们投票很少是因为个人的选择,大部分人是盲从某些特定团体的意见;就是人们的私生活,有时也要受某些专家意见的影响。很多人都没有想到,其实自己就是世界上最伟大的专家。

普林斯顿大学校长哈洛·达斯,对顺应群体与否的问题十分关切。

他在1955年的毕业生典礼上,以《成为独立个性的重要性》为题发表演讲。他指出:一个人无论受到多大的压力,使他不得已改变了自己去顺应环境,但只要他是个具有独立个性气质的人,就会发现,无论他如何尽力想用理性的方法向环境投降,他仍会失去自己所拥有的最珍贵的资产尊严。维护自己的独立性,是人类具有的神圣要求,是不愿当别人的橡皮图章的表现。随波逐流,虽然可得到某种情绪上的一种满足,但心灵定会时时受到它的干扰。

没有独立的思维方法、生活能力和自己的主见,那么,生活、事业就无从谈起。众人观点各异,欲听也无所适从。只有把别人的话当参考,按着自己的主张走,才能处之泰然。

评语

盲从的人,经常缺乏独立的判断,做事随波逐流,只会在别人的思维方式和行为模式下进行生活,缺乏想象力和创造力,只能是服从者。要有自己的想法和正确的定位,才能做领导者,才能进一步地接近成功。

兼听则明，偏听则暗

人要相信自己有能力解决一些事情，但不能认为自己会解决一切问题。没有人能够独自一人创造出伟大的功绩的。那些能够注意到周围人的意见的人，能够谦虚采纳别人意见的人，往往能够找出解决问题的答案；而只知道死钻牛角尖的人往往会步入死胡同而找不到出路，最后陷入绝望的境地。

人的能力是有限的，我们不可能倚靠单个人的力量解决一切问题。当我们站在巨人的肩上时，我们可以看得很远。其实即使我们站在普通人的肩上，也可以使自己的视野开阔起来。我们处理复杂棘手的问题时，光靠自己的力量是解决不了的。在自己深陷迷津之时，听听各方面的想法，征求一下其他人的意见，对事情的解决是很有帮助的。古人有"听君一席话，胜读十年书"之说，通过听别人的议论，拓宽视野，增加知识，获取经验，丰富阅历，这是自我完善的有效途径。俗话说，三个臭皮匠，顶得上一个诸葛亮，说的便是这个道理。集思广益，广泛听取别人的意见和建议，对于自身的发展是大有裨益的。

善于听从意见，我们可能获得成功；刚愎自用，拒绝别人的意见，独断专行，我们将会遭受失败的命运。秦被灭之后，刘邦、项羽争霸，最后楚霸王项羽被逼得在乌江边上拔剑自刎。究其败因，在于刘邦任人之术要高项羽一筹，更主要的是他善于听取部下的意见，能够虚心接受，正确采纳。反观项羽，一方面他不会用人，放走刘邦就是一个典型的例子;一方面是他不善于采纳别人的意见,如果他听从范增的意见,在鸿门宴上杀了刘邦,那么天下有可能就是他的了。后来虽然还有很多类似的情况,但终由于他我行我素,刚愎自用,丧失了机会,以至四面楚歌而功亏一篑。

"一个篱笆三个桩,一个好汉三个帮",没有人能够独自一人创造出伟大的功绩。

在不知道答案的时候最好闭上嘴巴,学会竖起耳朵倾听。听是一门学问,所谓兼听则明,偏听则暗。听要善听,不能乱听,不能轻信,也不能不信。而且光靠听是不够的,重要的是要自己善于思考。在广泛征求意见、听取不同想法、全面把握事情之后,需要进行判断和思考,这样才能使你找到正确的解决方法。

不光要站在巨人的肩上,有时站在你周围的普通人的肩上,你也可以找到解决问题的方法。群众的力量是无穷的,依靠普通的人,也能让自己的目光变得更加深远。勇于接受批评才能赢得他人的尊重。如果你做的事情是错的,即使天使在身旁为你作证,也无济于事。人非圣贤,孰能无过,犯了错误只要承认"这是我的错",所有的麻烦就都容易解决了。

善于听从意见,有助于集思广益,采纳雅言,判断得失。这不仅是自我的完善,也是增加阅历,扩宽视野的方法。生活中遇到难题,不妨多问问身边人的看法、意见。

勇于接受批评

人无完人，没有人不会犯错误，有时甚至还一错再错。既然错误是不可避免的，那么可怕的并不是错误本身，而是怕知错而不肯改，错了也不悔过。孔子说："过而不改，斯谓过矣。"意思是说：犯了一回错不算什么，错了不知悔改，才算真的错了。可是我们生活中就是有不少人，明明知道自己错了，但是为了面子，死不承认，反而更加抵牾，要把错误进行到底，这样除了坏事，没有其他的结果。

《三国演义》中的曹操，在赤壁与江东鏖战之际，中了周瑜的离间之计，杀了蔡瑁、张允两个水军都督，虽然立即醒悟，但是为了面子，不承认自己中计，却说是为了严肃军纪，遮掩了过去，结果水军大败，曹操失去了进军江东的最好时机。在汉中与刘备对峙、两军争执不下的条件下，曹操原本想要撤兵，但因为心事被杨修看破，死要面子，所以反而坚定了自己的错误观点，非要和刘备一决胜负，结果再次失败，自己还被流矢打落门牙，只能落荒而逃。这都给我们以这方面的教训。

其实，如果能坦然面对自己的弱点和错误，再拿出足够的勇气去承认它、面对它，不仅能弥补错误所带来的不良后果，而且能加深领导和同事对你的良好印象。他们不但会很痛快地原谅你的错误，而且会对你非常钦佩。孔子就称赞自己的学生颜回，说"颜回不二过"，意思是说颜回只要犯过一次错误，就保证不会再犯。这不但不是"失"，反是最大的

"得"了。

事实上，一个人有勇气承认自己的错误，也可以获得很多的收获，不仅可以消除人与人之间的对立和隔膜，而且有助于解决这项错误所带来的问题。大人物若能够接受小人物的善意批评，不但丝毫无损于自己的面子和名誉，反而会因为平易近人而受到众人的爱戴和尊敬。小人物若能得到大人物的批评，除了能够增长才干外，还说明自己本身被人所重视。聪明的人坦率而又真诚地承认自己错误，以获得他人的尊重。

只有傻瓜才会为自己的错误辩护。忠言逆耳，所以当有人，尤其是和自己平起平坐的同事对自己狠狠数落一番时，不管那些批评是否正确，大多数人都会感到不舒服。有的人会暴跳如雷，有的人会拂袖而去。这样做连表面的礼貌没有，也会令提意见的同事尴尬万分。下一次就算你犯更大的错误，相信也没有人会劝告你了，这难道不是你最大的损失吗？如果我们确实错了，就要迅速而真诚地承认。这种技巧不但能产生惊人的效果，而且比为自己争辩还有趣得多。

遇到类似的情况，请接受以下这些建议：假如你必须向别人交代，与其替自己找借口逃避责难，不如勇于认错。与人争辩毫无意义，只会把自己犯错的事情弄得尽人皆知。所以，对自己的行为负起责任吧，这样会赢得别人的信任和尊重。如果你在工作上出错，要主动向领导汇报自己的失误。这样当然有可能会被大骂一顿，可是上司心中却会认为你是一个忠于职守的人。他或许可以将损失减少，同时也说明你对工作尽责，他将来也许对你更加倚重，你所得到的可能比你失去的还多。如果你所犯的错误可能会影响到其他同事的工作成绩或进度，无论同事是否已发现这些不利影响，都要赶在同事找你"兴师问罪"之前主动向他道歉、解释。千万不要企图自我辩护，推卸责任，这样做只会火上浇油，令对方更感愤怒。

每个人都会犯错误，尤其是当你从事某些类型的职业时，错误伴随着工作。千万不要因此精神负担过重，承受太沉重的压力，偶尔不小心犯错是很普通的事情，不要过于苛责自己，而要坦然去面对。

人非圣贤，孰能无过。面对过错，要勇敢承认。一个人只有坦诚地面对自己的弱点和失误，才能拿起勇气克服它、改正它。

莫让成见左右自己的言行

　　人不能没有主见，但不可有成见。我们千万不要在生活中不知不觉地让成见左右了自己的言行。有时候它会给你在工作上和人际交往中带来始料未及的麻烦。要有主见，但不能有成见。独立思考，虚心求教，这是你开始独立与人交往时必须注意的。

　　这个世界每时每刻都在发生着或大或小的变化，但是人们的思想却有着相对的稳定性和滞后性。这本身就会导致人们对世界认识的误差。在生活中就表现为看人看事抱有成见，或是先入为主，偏听偏信，对人对事作出错误判断；或是凭以往经验，不了解实际情况，主观武断，将人将事看死了；或是保守陈旧，不肯改变自己已经落后的观念，还常常显得很有主见，深信自己的看法没有错，对别人的建议或意见并不在意。日子长了，朋友们就会说这样的人难于交流，"太固执""太武断"，事业上不好合作，生活中也不容易成为相互信赖、共同帮助的好友。可是当事人本人却常常感觉不到这些。他们认为人一定要有主见，要能够坚持自己认为对的东西，不能做一个没有主张、没有头脑的人。从表面上看这种道理似乎也说得过去，其实这是把"主见"和"成见"两个不同的概念混淆起来了。人不能没有主见，但是最好将自己的"成见"减少到零。八面玲珑、毫无原则地待人处世，当然是不足取的。但是自以为是、故步自封，也只能把事情办砸。生活无时无刻不在变化，周围的人也没有一成不变的。俗话说："士别三日，当刮目相看。"昨天还是一个愣头愣脑、不谙世事的毛头小伙子，今天却能挑起重任；昨天还是一方权贵、封疆大吏，今天却有可能已经沦为阶下囚。这样的情况太多了。可以看出，所谓成见常常表现为一种结论性的判断，就好像是对一种事物、一个人写的评语一般，可是这种结论实际上却是片面的甚至错误的，或者早已经"失去时效"了。所以，"不要把一个人看死"这句话，既说明事物和人的变化发展，又提醒我们避免抱有成见，简单而武断地下结论、作判断。

勿草率作决定，勿轻易改初衷。不管前面是怎样的黑暗，心中是怎样的苦闷，你总要等待忧郁过去之后，才决定你在重大事件上的步骤与做法。对于一些需要解决的重要问题，必须要有最清醒的头脑和最佳的判断力。人生需要面临很多选择，有些重大的选择将会影响我们的一生。因此在我们作出重大决定、重要选择时，一定要多方考虑，慎重行事。我们如果草率地作出选择，不考虑这种选择的后果，总有一天会发现自己作出了错误的决定。这时才后悔不已，责备自己不该作出如此冲动的选择，则是木已成舟，后悔也来不及了。但当你作出选择后，就不要后悔，也不要轻易放弃自己的选择。世上没有后悔药吃，泼出去的水是收不回来的，既然下定了决心，就要勇往直前。只有如此，才能获得成功，证明自己的选择是正确的。

在人生选择的道路上，最怕的是情感战胜理智。人在遭受痛苦和挫折的时候，容易草率地作出这样那样的选择。在遭受痛苦时，有时明明知道所受的痛苦是暂时的，以后必然能从中解脱出来，但是就是无法忍受一时的痛苦，在冲动之中作出令人遗憾的选择。如果一个人在希望彻底断绝、精神极度沮丧的时候，仍然能够用理智控制自己的情绪和行为方式，那么就说明他是一个理智的人。只有这样的人才不会作出错误的选择，不会因错误的选择而抱憾终生。

那么，如何才能理智地控制自己的情绪，在遭受挫折的时候清醒地作出或者不作出选择呢？这需要坚定的信念。一个人事业不如意，朋友们都劝他放弃这项工作，他仍然努力地工作着。因为他知道，暂时的挫折并不算什么，自己在情绪不好的时候作出这样那样的选择，必然是一个不必要的冒险。如果贸然作出决定，自己必然会后悔。有很多年轻的作家、艺术家和商人，在他们的职业活动遭到挫折的时候，放弃了他们的职业，转而去从事完全不适合他们天性的职业，经过很长的时间，才发现自己还是适合以前的那种职业，但是虽然自己对现在的职业一点兴趣也没有，也只能勉强去做，因为他们已经没有了回头的机会。慎重地作出选择，选择了就不后悔，因为要证明我们的选择是正确还是错误，还需要很长时间的努力，没有什么是能够轻易得到的。面对自己的选择，就是他人都已放弃了，自己还是要坚持；他人都已后退了，自己还是要向前；眼前没有光明、希望，自己还是不懈努力，只有这种精神，才是一切创造家、发明家和其他伟大人物能够成功的原因。在日常生活中，我们常可以听见一些上了年龄的人说这样的话："倘使我一开始就努力，即便遇到挫折，但仍旧照着我的志向去做，恐怕已经颇有成就了。"但是这么说又有什么用呢？许多人都是在壮志未酬和悔恨中度过自己的晚年。这种悔不当初的懊丧，都是由于他们年轻的时候意志不坚定，受到挫折便中止了自己努力的结果。

不管前途是怎样的黑暗，心中是怎样的苦闷，你总要等待忧郁过去之后，才能决定自己在重大事件上的步骤与做法。对于一些需要解决的重要问题，必须要有最清醒的头脑和最佳的判断力。在悲观的时候，千万不要解决有关自己一生转折的问题，这种重要的问题总要在身心最快乐、最得意的时候去决断。但在作出了选择后，就不要轻易地放弃。轻易放弃自己经过慎重考虑作出的决定的人，肯定会一事无成，抱憾终生。

要学会明辨是非，要有独立思考的能力，要有主见。对人对事，不要因别人的片面之词抱有成见，要用发展的眼光对待人和物。

第二章
冲动是魔鬼,头脑发热贻害多

> 生活中不是每件事情都会心想事成,遇到令人愤怒的事情时,不要冲动。冲动是一把刀,不仅解决不了任何问题,而且往往会使事情变得更糟。要学会控制情绪,不要让被冲动牵着鼻子走。要冷静,才能跳出愤怒的包围,化险为夷。

要想成功，就得调整好情绪

人们在生活中有时会遇到恶意的指控、陷害，经常会遇到种种不如意。有的人会因此大动肝火，结果把事情搞得越来越糟。

在20世纪60年代早期，美国有一位很有才华的、曾经做过大学校长的人，竞选美国中西部某州的议会议员。此人资历很高，又精明能干、博学多识，看起来很有希望赢得选举的胜利。但是，在选举的中期，有一个很小的谣言散布开来：三四年前，在该州首府举行的一次教育大会期间，他跟一位年轻女教师有那么一点暧昧的行为。

这是一个弥天大谎，这位候选人对此感到非常愤怒，并尽力想要为自己辩解。由于按捺不住对这一恶毒谣言的怒火，在以后的每一次集会中，他都要站起来极力澄清事实，证明自己的清白。其实，大部分的选民根本没有听到过这件事，但是，现在人们却越来越相信有那么一回事，真是越抹越黑。公众们振振有词地反问："如果你真是无辜的，为什么要百般为自己狡辩呢？"如此火上浇油，这位候选人的情绪变得更坏，也更加气急败坏、声嘶力竭地在各种场合为自己洗刷罪名，谴责谣言的传播。

然而，这却更使人们对谣言信以为真。最悲哀的是，连他的太太也开始相信谣言，夫妻之间的亲密关系被破坏殆尽。最后他失败了，从此一蹶不振。

面对这类问题，有的人则能很好地控制住自己的情绪，泰然自若地面对各种困难和不如意，在生活中立于不败之地。

1980年美国总统大选期间，在一次关键的电视辩论中，面对竞选对手卡特对自己在当演员时期的生活作风问题发起的蓄意攻击，里根丝毫没有愤怒的表示，只是微微一笑，诙谐地调侃说："你又来这一套了。"一时间引得听众哈哈大笑，反而把卡特推入尴尬的境地，从而为自己赢得了更多选民的信赖和支持，并最终获得了大选的胜利。

缺乏自我控制能力的人想必已经明白，生活在社会中，为了更好地适应社会，取得事业上的成功，有必要控制自己的情绪情感，理智地、客观地处理问题。但是，控制并不等于压抑，积极的情感可以激励人进取上进，加强人与人之间的交流与合作。因而一个高情商的人应是一个能成熟地调控自己情绪情感的人。

调控情绪，不仅能使你提高风度，更能帮你获得成功。反之，不会控制情绪，往往使事情变得更糟。

遇事保持沉着与冷静

第二章 冲动是魔鬼,头脑发热贻害多

在日常生活中,时常有这样的事发生:听见有人对自己污蔑、讽刺、羞辱,就大发雷霆,甚至不顾后果,直接和人兵戎相见。这是不冷静的表现。

曾有一位不速之客突然闯入洛克菲勒的办公室,直奔他的写字台,以拳头猛击台面,大发雷霆:"洛克菲勒,我恨你!我有绝对的理由怨恨你!"接着那位客人恣意谩骂他达几分钟之久。办公室所有的职员都感到无比气愤,以为洛克菲勒一定会拾起墨水瓶向那位客人掷去,或是吩咐保安员将他赶出去。

洛克菲勒没有采取任何过激的行动。他停下手中的事情,和善地注视着这位攻击者。那人越暴躁,他就显得越和善!那无理之徒被弄得莫名其妙,渐渐平静下来。因为一个人发怒时,得不到反击,是坚持不了多久的。他是准备好了来此与洛克菲勒摊牌的,并想好了洛克菲勒要怎样回击他,他再用想好的话去反驳。但是,洛克菲勒就是不开口,所以他也不知如何是好了。最后,他又在洛克菲勒的桌子上敲了几下,仍然得不到回应,只好索然无味地离去。洛克菲勒呢,就像根本没发生任何事一样,重新拿起笔,继续他的工作。面对突如其来的羞辱,最重要的一点就是注意避免发火动怒。如果你不是沉着应对,而是失去理智,就会给挑衅者提供机会,让其占据优势,结果使自己处于更为不利的地位。

不理睬他人对自己的无礼攻击,便是给他的迎头痛击。成功者每战必胜的原因,便是当对方急不可耐时,他们依然显得相当冷静与沉着。由此可见,保持冷静、保持沉默是对付羞辱的最好的"盾牌",愤怒的"长矛"再锋利也无法刺穿它。

对羞辱也要视具体对象和情形区别对待。假如是领导当着你同事的面训斥你,而且可能一向如此,这时,就应该冷静地对他说:"我们单独谈这个问题,好吗?"同样,如果羞辱来自配偶或是好友,你千万不要报以挖苦或讽刺,而应向对方讲明。你觉得感情受到了伤害,可以明确地告诉对方今后不要这样做了,否则,你就难以再信赖他了。对于突发事件做到从容不迫、泰然自若,是一个成熟的人应具备的良好素质。只有保持沉着冷静,才能把各种事情处理好。

足球场上,两队经过90分钟酣战,又度过了随时可能遭遇"突然死亡"的30分钟加时赛,紧张刺激的时刻终于到了——点球决胜负。生死在此举,对于被指派上场的球员而言,什么是最重要的?信心,力量,还是绝技?是沉着!此时唯有沉着方能助你完成这最后的致命一击,方能助整个球队走向辉煌的胜利。不管你是否承认,只有沉着才是力拯危局的法宝。沉着总能产生战无不胜的力量。

历史上的法奥马伦哥战役是拿破仑执政后指挥的第一个重要战役。这次战役的胜利,对于巩固太过脆弱的资产阶级政权,对于加强拿破仑的统治地位都有着重要的意义。在这场战役中,拿破仑把他的沉着冷静与临危不乱的能力发挥到了极致,并最终取得了战役的胜利。首先,他有效地制造和利用了敌人在判断上的错误,真正做到了出其不意、出奇制胜。

从亚平宁山进入北意大利是法国人在历史上入侵意大利经常走的一条老路。这次,拿破仑一反常规,偏偏避开了他在第一次意大利战争中也曾走过的那条路线,而选择了一条历史上很少有人走过的、在一般人眼里根本无法通行的道路。结果完全出乎奥军意料之外,达到了战略上的突然性,收到了战略奇袭的效果。正由于这一战略奇袭,他成功避开了梅拉斯的主力,弥补了自己兵力的不足。其次,他机敏,能够在复杂的形势下趋利避害，避实就虚。拿破仑率领预备军团翻过大圣伯纳德山口，进入北意大利后，面临着两种选择：第一种是迅速南下，增援马塞纳，倾全力解热那亚之围，使意大利军团免遭覆灭的厄运；另一种是暂时置马塞纳于不顾，迅速挥师东进，直取伦巴第的首府米兰，截断奥军退路，以求一举切断敌军主力与南土之间的联系，迫使奥军北撤，尔后与其进行决战。拿破仑从战役全局出发，审时度势，权衡利弊，冷静作出了正确决策。最后，他沉着冷静地应付着险象环生的战斗环境，在关键时刻指挥若定，临危不惧。拿破仑在马伦哥战役中，正好表现了这样一个突出的特点。在那天下午的几个小时里，法军的处境可谓岌岌可危。按照一般人的看法，出现了这种情况，法军是必败无疑了。可是，拿破仑却仍然镇定自若。继续从容不迫地指挥部队抗击敌人的进攻，并且争取了时间，坚持到了援兵的到达。尽管德赛率部队及时赶到具有一定的偶然性，但拿破仑在这危急关头的坚定态度，对于稳定法军的情绪，鼓舞法军继续进行顽强的抵抗，无疑是有重要作用的。没有他的坚定指挥，法军则早在德赛的援军到达以前就崩溃了。

　　保持冷静，不仅是良好的素质，也是回击敌人最好的武器，更是成熟稳重的表现，既能在危局中作出最为正确的决策，又可为最后的成功奠定基础。

控制情绪才能成就大事

　　控制不了情绪,你的强项就会很快消失。人是一种具有思维和感情的动物,所以每个人都有情绪波动的时候,这也是人和其他动物的不同之处。现实生活中有的人控制情绪的功夫一流,喜怒不形于色;有的人则说哭就哭,说笑就笑,说生气就生气。

　　随意哭笑到底是好还是坏呢?有人认为,这是一种"率直"的性格,是一种很可爱的人格特征。这么说也不是没有道理,因为喜怒哀乐都表现在脸上的人,别人容易了解,也不会对他持有成心;而且,有情绪就发泄,不积压在心里,也有利于心理卫生。实际上,这种"率直"并不适合在现实社会中存在。

　　之所以这么说,至少有两个理由:第一,不能控制情绪的人,往往给人一种不成熟或还没长大的印象。只有小孩子才会说哭就哭,说笑就笑,说生气就生气。这种行为发生在孩子身上,大人会认为这是一种天真烂漫的体现;但如果发生在一个成年人身上,人们就不免会认为这个人还没长大,认为这个人没有控制自己情绪的能力。一遇不顺就哭,一不高兴就生气,怎能做成大事?

　　第二,一个人容易哭,会被他人看不起,被人认为是一种"软弱"。哭虽然也是心理压力的一种缓解,可是人们始终把哭和软弱联系在一起。不过大部分人都能忍住不哭,或是回家再哭,但却不能忍住不生气。容易生气的人会使人际关系疏远;生气有损自己的形象;生气也会影响一个人的理智，极易对事情作出错误的判断和决定；生气对身体存在不利影响。

所以，在社会上生存，控制情绪是很重要的一件事，情绪的表现绝不能过度，尤其是哭和生气这两种情绪。如果你是个不易控制这两种情绪的人，不如在事情发生、激化之前，赶快离开现场。如果没有地方可暂时"躲避"，那就深呼吸，不要说话。这一招对克制生气特别有效！一般来说，年纪越大，越能控制情绪。

你如果能恰当地掌握你的情绪，你将在别人心目中呈现一种"沉稳、令人信赖"的形象，你可能因此而获得重用，这对你在事业上有很大的帮助。有一种人，他们学会控制自己的情绪已经到了很高的境界，能在必要的时候说哭就哭，说笑就笑，说不生气就不生气，而且还表现得恰到好处，这种人控制情绪已经练就成了一种功夫。这种功夫，只有通过在社会上长期的实践、历练才能获得。控制情绪是成就大事的必修课。

控制情绪最好的方法就是提高情商。控制情绪是情商高低的一个重要的体现，提高情商既能对事业有帮助，也能给人成熟稳重的印象。

不能心浮气躁

要保持自己的高远志向，就必须改变急躁的脾气、暴躁的性格。做事戒急躁，急躁则必然心浮，心浮就无法深入到事物的内部中去仔细研究和探讨事物发展的规律，无法认清事物的本质。心浮气躁，办事不稳，差错自然会多。

《郁离子》中记录了这样一个故事：在晋郑之间的地方，有一个性情十分暴躁的人。他射箭时射不中靶心。把靶子的中心捣碎；下围棋败了就把棋子弄碎。人们劝告他说："这不是靶心和棋子的过错，你为什你不认真地想一想，问题到底在哪里呢？"他听不进去，最后，因脾气急躁得病而亡。

容易急躁、气浮心盛的人还不止这一个。不少人办事都想一蹴而就，其实大家应该知道，做什么事都是有一定规律、有一定步骤的，欲速则不达。

战国时期魏国人西门豹，性情非常急躁，他常常扎一条柔软的皮带来告诫自己。魏文侯时，他做了邺县令。他时时刻刻地提醒自己，要自己克服暴躁的脾气，要忍躁求稳、求安求静，最后终于在邺县做出了成绩。

唐朝人皇甫嵩，字持正，脾气急躁是出了名的。有一天，他命儿子抄诗，儿子抄错了一个字，他就边骂边喊，还叫人拿棍子来要打儿子。棍还没送来，他就急不可待地狠咬儿子的胳膊，以至咬出了血。如此急躁的人，怎能宽恕别人？后来，他也意识到性格急躁、脾气过大，对人对己都没有好处，使开始学习忍耐。

东汉人刘宽，字文饶，华阴人，对人对事有从容的风度。汉桓帝时，他由一个小小的内史迁升为东海太守，后来又升为太尉。他性情柔和，能宽容他人。有一次，正赶着要上朝，时间很紧，刘宽衣服已经穿好，夫人让丫环端肉汤给他喝，丫环不慎把肉汤打翻，弄脏了刘宽的衣服。丫环赶紧收拾盘子。刘宽表情一点没变，还慢慢地问："烫伤了你的手没有？"汤已经洒在了身上，时间也确实很紧，即便是把失手洒汤的人骂一顿，打一顿，时间也夺不回来，急又有什么用处呢？倒不如以自己的容人雅量，从容对事，再换件朝服，更为现实和有用。

正反两方面的例子，我们都看到了，从中我们也能总结一些经验。想有所作为，而又不能马上成功，会产生急躁情绪；本以为会把事情办得很好，谁知忽然节外生枝，一时又无法处理，必然生出急躁之心；因为他人的过错，给自己造成了一定的麻烦，心气不顺，也会产生急躁情绪；望子成龙，盼女成凤，天下父母之心皆然，但偏偏儿女不争气，心中也同样急；受责难、批评，又无法解释清楚，心中也会产生急躁的情绪。无论是哪一种情况产生的急躁，其实对人对己都没有好处。浮躁之气生于心，行动起来就会态度简单、粗暴，徒具匹夫之勇，而无谋士之略。

中国文化的精神就在于以静制动，少安毋躁。浮躁会带来很多危害。人不能心浮气躁。静不下心来做事，终将一事无成。荀况在《劝学》中说，"蚯蚓没有锐利的爪牙、强壮的筋骨，但却能够吃到地面上的黄土，往往够喝到地底的黄泉水，原因是它用心专一。螃蟹有六只脚和两个大钳子，它不靠蛇鳝的洞穴，就没有寄居的地方，原因就在于它浮躁而不专心"。轻浮、急躁，对什么事都深入不下去，只知其一，不究其二，往往会给工作、事业带来损失。

做事要少安毋躁，心浮气躁不仅会使人心神不宁，也会让人郁结于心，既不利于问题的解决，也不利于身心健康。

莫要一时冲动

1965年9月7日,世界台球冠军争夺赛在美国纽约举行。刘易斯·福克斯的得分一路遥遥领先,只要再得几分便可稳拿冠军了。就在这个时候,他发现一只苍蝇落在主球上。他挥手将苍蝇赶走了,可是,当他俯身击球的时候,那只苍蝇又飞回到主球上来了。他在观众的笑声中再一次起身驱赶苍蝇。这只讨厌的苍蝇开始破坏他的情绪。更为糟糕的是,苍蝇好像是有意跟他作对,他一回到球台,它就又飞回到主球上来,引得周围的观众哈哈大笑。刘易斯·福克斯的情绪恶劣到了极点,终于失去理智,愤怒地用球杆去击打苍蝇。球杆碰动了主球,裁判判他击球,他因此失去了一轮机会。刘易斯·福克斯方寸大乱,连连失利,而他的对手约翰·迪瑞则愈战愈勇,赶上并超过他,最后夺走了冠军桂冠。第二天早上,人们在河里发现了刘易斯·福克斯的尸体,他投河自尽了!

一只小小的苍蝇,竟然击倒了所向无敌的世界冠军!这是一件不该发生的事情。其实,刘易斯·福克斯完全可以采取另一种做法,那就是:击你的球,不要理它。当你的主球飞速奔向既定目标的时候,那只苍蝇还站得住吗?它肯定不撵自走,飞得无影无踪了。如果你跟自己的坏情绪斤斤计较,并不断地任由坏情绪控制自己的行动,那么,你的一时冲动可能会造成终生悔恨。

在美国的加州,有一个小女孩的父亲买了一辆大卡车。他非常喜欢那辆卡车，总是为那台车做全套的保养，以保持卡车的美观。一天，小女孩拿着硬物在他父亲的卡车上划下了无数的刮痕。她的父亲盛怒之下用铁丝把小女孩的手绑起来，然后吊着小女孩的手，让她在车库前罚站！当父亲想起小女儿还在车库罚站时已经是4个小时以后了。当他回到车库，小女孩的手已经被铁丝绑得血液不通了。她的父亲把她送到急诊室时，小女孩的手掌已经都坏死了，医生说如果不截去手掌的话，就可能会危及小女孩的生命。小女孩就这样失去了她的一双手！

但是她不懂到底是发生了什么事，而她的父亲也因此而终生愧悔。大约半年后，小女孩父亲的卡车进厂重新烤漆，又像全新的一样了。当他把卡车开回家，小女孩看着重新烤过漆的卡车，对他天真地说："爸爸你的卡车好漂亮哟，看起来就像是新卡车。"就在这时，小女孩伸出了她被截断双手的残肢，天真地对父亲说："但是，你什么时候才能把我的手还给我？"一直被愧疚折磨的父亲终于崩溃，最后举枪自杀。

这一则震撼心灵的故事告诉我们，如果不能控制情绪，我们便会犯下令自己后悔一生的事！一定要控制我们的情绪，让理智主宰情感。

阿兰·马尔蒂是法国西南小城塔布的一名警察。一天晚上，他身着便装来到市中心的一家烟草店门前，准备到店里买包香烟。这时店门外一个叫埃里克的流浪汉向他讨烟抽。马尔蒂说他正要去买烟，埃里克认为马尔蒂买了烟后会给他一支。当马尔蒂出来时，喝了不少酒的流浪汉缠着他索要香烟，马尔蒂不给，于是两人发生了口角。随着互相谩骂和嘲讽的升级，两人情绪逐渐失控。马尔蒂掏出了警官证和手铐，说："如果你不放老实点，我就给你一些颜色看。"埃里克反唇相讥："你这个混蛋警察，看你能把我怎么样？"在言语的刺激下，二人扭打成一团。旁边的人赶紧将两人分开，劝他们不要为一支香烟而发那么大火。

被劝开后的流浪汉骂骂咧咧地向附近一条小路走去，他边走边喊："臭警察，有本事你来抓我呀！"失去理智、愤怒不已的马尔蒂拔出枪，冲过去，朝埃里克连开四枪。埃里克倒在了血泊中……

法庭以"故意杀人罪"对马尔蒂作出判决，他将服刑30年。

冲动往往是一切悲剧的根源，只因不能克制情绪，结果酿成无法挽回的局面。当遭遇冲动时，要学会冷静，克制住冲动，心胸豁达点，宽容处事。

冲动贻害无穷

《三国演义》里说，自从刘备乘吴、曹大战之机巧夺荆州（今湖北江陵）后，东吴一直耿耿于怀，伺机夺取。刘备也看透了这一点，他在夺取蜀川后，留下最得力的大将关羽镇守荆州。

东吴一直垂涎于荆州，放派大将吕蒙驻在陆口（今湖北嘉鱼），以挡刘蜀进攻和伺机夺取。但关羽一向谨慎，不轻易对外用兵，保持着军事优势，使吕蒙无处下手。日久天长，关羽见东吴不敢妄动，又见入蜀诸将随诸葛亮征东征西，立下不少功劳，而自己却只知静守，没立半点功劳，傲心上腾，想寻机干点事业。正巧，这时不远处曹仁驻守的樊城（今湖北襄樊）兵力空虚，关羽便打起樊城的主意来，但又怕东吴来夺荆州，故举棋不定。吕蒙得到消息，为进一步促使关羽去战曹仁，便假装有病，回建业（今江苏南京）去了。走前，任命尚无名声、但熟读兵书的陆逊为右都督，代自己镇守陆口。

关羽听到消息，以为除去了后顾之忧，便准备进军樊城。这时，新上任的陆逊为坚定关羽离开荆州的决心，给关羽一封信，信上说："久闻关将军威名，可与晋文公、韩信齐名。自己是一书生，不懂军事，今后还仰仗将军看顾，保持两军相安无事便足矣。"

关羽得此信，马上进军樊城。陆逊又修书一封给曹氏集团，说刘备占我荆州，久怀气愤之心，愿与曹家联合，共谋对付刘蜀之策。关羽离开荆州后，荆州兵力空虚。吕蒙探到可靠消息，便从建业发水军直指荆州，与陆逊会合后，把兵船扮成商船模样，沿汉水上溯至荆州。就在关羽水淹于禁等七军之后，吕蒙、陆逊也拿下了荆州。

关羽急于建功立业，意气用事，轻信了陆逊的话，最后大意失荆州，被陆逊端了老巢。

做事不能凭感觉，意气用事必有麻烦，因为事情往往不是想象得这么简单。只有理性行事才不会出现大的差错，才不会使自己后悔莫及。

不与人争一时之得失

人与人之间的矛盾是难免的。牙齿和舌头常打架,但是 80 岁以后牙齿都没了,舌头却还在,这就是所谓的"柔弱胜刚强"。做人也是同样的道理,让人一时,平安一世,装装糊涂对人对己都有好处。

每个人都生活在特定的人群当中,有人的地方自然会有矛盾,有分歧。在这种情况下,很多人就喜欢争吵,非要争出个是非曲直不可。其实这种做法很不明智。吵架是既伤和气又伤感情的做法,并不能解决任何问题,也不会改变他人的看法。大家抬头不见低头见,每次见面都会勾起不好的回忆,实在是不值得,不如大事化小小事化了。俗话说家和万事兴,推而广之,人和万事兴。人际交往中切不可太认死理,装装糊涂于己于人都有好处。

有些事情是一辈子不会忘记的,特别是一些很不愉快的记忆,有时会执念很深,甚至会终生不忘。和他人争执造成的怨恨,有时会长期地潜伏下来,因此报复随时随地会发生。更有甚者,有些争执会导致难以预料的悲剧发生。

年轻人容易冲动,一言不合动起手来,非死即伤。仔细想想,当初与人争执的事情,绝大部分都是鸡毛蒜皮的小事,或者是一些误会,当时如果谦让一下、忍耐一下,误会很快会消除,而且很快就会把这些事情忘记。所以,为了避免招致别人的怨愤或者得罪人,为人处世需要小心在意。《老子》告诫我们要"报怨以德",孔子也曾提出类似的话来教育弟子:"以直报怨,以德报德。"其含义均是叫人处事时心胸要豁达,以君子般的坦然姿态应付一切。

《庄子》中对如何不与别人发生冲突也作了阐述。有一次,有一个人去拜访老子。到了老子家中,看到室内凌乱不堪,他心中感到很吃惊,于是大声咒骂了一通后扬长而去。翌日,他又回来向老子道歉。老子淡然地说:"你好像很在意智者的想法,其实对我来讲,这是毫无意义的。所以,如果昨天你是骂我的话我也会承认的。因为别人既然这么认为,一定有他的原因,假如我顶撞回去,他一定会骂得更厉害。这就是我从来不去反驳别人的缘故。"

在现实生活中,当双方发生矛盾或冲突时,对于别人的批评,除了虚心接受之外,还要养成毫不在意的功夫。人与人之间发生矛盾的时候太多了,因此,一定要心胸豁达,襟怀坦荡,有涵养,有肚量,不要为了不值得的小事去得罪别人。生活中常有一些人喜欢论人短长,在背后说三道四。如果听到有人这样谈论自己,完全不必理睬这种人。只要自己能自由自在按自己的方式生活,又何必在意别人说些什么呢?生活中还有一种人,他们能够在外人面前做到这些,但是过于在乎朋友、家人的话,因此常常与他们起争执。其实这也是大可不必的,而且也是非常有害的。朋友和家人都是自己最亲的人,所谓"手心是肉,手背也是肉",争执起来,无论如何受伤害的都是自己。虽然家人受嫉恨的机会要小一点,但也有可能发生悲剧。

"忍一时风平浪静,退一步海阔天空",这种处世态度对人们很有借鉴意义。人们往往因为别人的生活方式以及应对态度与己不同,因而排斥对方,认为唯有自己才正确。其实,只要能够遵守做人的原则,那么采取什么生活方式都无所谓。我们不可能要求别人在生活各个方面处处和自己一样,或是事事如己愿,这是极不现实的。如果能认清这个道理,人的心胸自然就会豁然开朗。

万事以和为贵。与别人争议一时得失,即便争赢又有什么意思?做人要心胸豁达,有肚量,何必在意别人说些什么呢?好与坏自有公论。

妥协不是示弱

"妥协"是一种智慧。即使是强者，在问题无法通过积极的方式解决时，也应该采取暂时妥协的方式。凡是智者，都懂得在恰当时机接受别人的妥协，或向别人提出妥协，因为人要生存，需要的是理性，而不是意气。

人的世界是纷繁复杂的，我们与别人的关系不可能永远和谐融洽，在人与人的交往中总是充满了各种矛盾，有着各种争执和斗争。面对这些矛盾和困难，一般的解决方式就是积极面对，通过各种努力和手段去解决。但是除了采取积极的态度之外，用看似消极的方式例如暂时的退让妥协来对待，也能取得良好的效果，甚至有时效果还要好。妥协退让，也是处理人生道路上的困难的一种方式，一种处世的智慧。

所谓的妥协退让，不是无原则的一味退让，而是在发现矛盾无法解决时采取的一种权宜之计。求同存异，在某些问题上做一些退让，实际上是以退为进，以达到自己最终的目的。周总理在万隆会议上，面对各国对社会主义的敌视和无礼的攻击，始终采取谦逊的态度，提出求同存异的建议，化解了存在的矛盾，为新中国和其他国家的和平共处创造了良好的国际环境。如果周总理在会议上和其他国家针锋相对，那么很有可能使矛盾激化，甚至发生大的冲突。

"妥协"是一种智慧，可以避免时间、精力等"资源"的继续投入。在胜利不可得，而资源消耗殆尽时，妥协可以立即停止消耗，使自己有喘息、整补的机会。也许你会认为强者不需要妥协，因为他资源丰富而不怕消耗。理论上是这样，但实际上问题是，当弱者以飞蛾扑火之势咬住你时，强者纵然得胜，也是损失不小的"惨胜"，所以，强者在某些状况下也需要妥协。可以借妥协的和平时期，来扭转对你不利的劣势。

咄咄逼人地处理事情也不是明智的选择。我们不光自己要适当的妥协，就在对方提出妥协时，也要权衡轻重而加以接受。对方提出妥协，表示他有力不从心之处，他也需要喘息。如果你非要和他硬拼，他可能做最后的一击，用尽全力和你拼命，那么即使你能取胜，代价也会是相当大的。因此适当的"妥协"和接受对方的妥协，可创造"和平"的时间和空间，而你便可以利用这段时间来引导"敌我"态势的转变，维持现状或争取时间做积极的准备，准备再次的厮杀。

"妥协"有时候会被认为是屈服、软弱的投降动作，但若从长远来看，"妥协"其实是非常务实、通权达变的智慧，凡是智者，都懂得在恰当时机接受别人的妥协，或向别人提出妥协，毕竟人要生存，靠的是理性，而不是意气。妥协常有附带条件，如果你是弱者，并且主动提出妥协，那么虽然可能要付出相当的代价，但却换得了"存在"。"存在"是一切的根本，因为没有"存在"，就没有明天，没有未来。也许这种附带条件的妥协对你不公平，让你感到屈辱；但用屈辱换得存在，换得希望，相信也是值得的。当然"妥协"是要看状况的。首先要看你的大目标何在，也就是说，你不必把资源浪费在无益的争斗上，能妥协就妥协，不能妥协，放弃战斗也无不可。但若你争的本就是大目标，那么决不可轻易妥协。第二，要看"妥协"的条件，该要面子的时候就要面子，但不必把对方弄得无路可逃，这不是为了道德正义，而是为了避免逼虎伤人，是衡量了利害关系的。而如果你是提出妥协的弱势者，且有不惜玉石俱焚的决心，相信对方会接受你的条件。

总之，要学会"妥协"，通过妥协来改变现状，转危为安，取得胜利。

弱智不会妥协，妥协是强者的姿态。妥协不仅是一种通权达变的智慧，也是处理人生路上困难的以一种方式，一种智慧，一种谋略。

切莫偏听偏信，被假象蒙蔽

第二章 冲动是魔鬼，头脑发热贻害多

我们的生活充满了假象和欺骗。对人对事要能看得透、认得准，才可以驾驭事物而不为事物所控制。世事往往与它外表不同，无知者往往只见表象，欺诈的方法即使是简单的，仍然会有人上当受骗。因此在社会生活中，要做智慧高手，先得克服自己偏听偏信的毛病。

人要有眼力才能判断是非，要注意学习洞察最深处的东西，摸清他人的底细之后再采取行动。要学习谨慎处世，就应该具备良好的判断力。这仿佛一种天赋的智慧，使得我们尚未起步，就像走过了一半的成功之路。岁月和历练的增长，可以使得人的理智逐渐成熟，判断力日臻完善。不要有各种各样的奇思怪想，尤其在重大判断上更是如此。看清楚事情并不很容易，因此要在这方面多下工夫、多动脑筋。从政、从商乃至生活工作，都需要极强的判断力，这样才能免于落入陷阱。要知道，很多事情都是假象先行，笨人会紧随其后，展现出愚蠢和平庸的品质；庸人往往不具备判断所必需的细心、观察，匆匆地下了结论；聪明的人则抱以怀疑和审视的态度，深究其真实内容和联系。决定洋流的不是海面的波涛，而是海底的洋流，只看海的表面是不可能知道海水流动的方向的。

历史上有不少偏听偏信的人，晋景公因为听信谗言将赵氏忠烈满门抄斩而演出千古悲剧；曹操因为听信蒋干传言误杀蔡瑁张允而中连环之计，最后兵败赤壁壮志难酬；斯大林因中纳粹离间之计而错杀图

61

哈切夫斯基元帅，致使战功赫赫的一代名将蒙冤九泉。古今中外，因误信传闻而铸成的悲剧比比皆是，难道还不足以使我们引以为鉴吗？

因此我们首先要改变思维方式，事物要一分为二地分析，对一个人也应该辩证地对待。对人不能仅凭别人道听途说，而要亲身接触、交流，有了一定的印象和感知后才会形成特定的看法。即使如此也并不可靠，因为人是全面的，他不会在某个个人那里展示自己的全部，还要继续观察。一旦有关于某人的风言风语，便对其"盖棺定论"，形成成见，这只能说明我们的浅薄和无知。

一座山，可以横看成岭侧成峰；一个人，可以左看忠右看奸；至于某件事，更会因为评论者立场不同而有不同的说法，公说公有理，婆说婆有理。虽然不一定每个细节都能碰见，但对传言应该进行调查、分析，弄清真相。这样才能对某个人、某件事情作出正确的评价。否则，来不及送上一份理解和支持，便会失去一份本该牢固的友谊。

如果你想要和别人合作、相处，首先就必须懂得如何去了解别人。人都喜欢听别人的赞美、鼓励和夸奖的话，但是一般人总喜欢批评别人。同样，当别人的行为达不到我们所期待的时候，我们就会显得不太高兴。一个人如果想要和别人建立良好的人际关系，就决不能要求人家按照自己规定的模式做事。解决人与人之间不愉快的唯一方法，就是要有个良好的人际关系网络，你有了人脉，别人才愿意告诉你一些不为人知的秘密，你才能了解事情的来龙去脉。

古人说："耳听为虚，眼见为实。"但是有时候，你亲眼看到的事情，背后也许都另有原委。《三国演义》中的《凤仪亭》的故事就是这样。董卓亲眼看见吕布和貂蝉抱在一起，以为吕布调戏貂蝉，于是勃然大怒，把自己和吕布的关系彻底破坏了，结果后来被吕布杀死。他自己到死都不明白是王允安排的离间之计。还有一点，就是实际上正是由于董卓已经众叛亲离，众人都在蒙蔽他，使得他只能偏听偏信了。所以平时就要注意沟通和交流。人与人之间彼此的隔膜很容易造成各种矛盾、不快、敌对、冷淡和疏远，这个时候要注意，务必了解事情的真相。

有的时候真相恰恰是以与感知相反的面目出现的。人类的认知能力是如此有限，因此我们要牢牢记住，认识真相，不仅要靠你的眼睛和耳朵，最重要的是要靠你的见识和判断能力。

第二章 冲动是魔鬼，头脑发热贻害多

第三章
凡事三思而行,世间难买后悔药

> 人生总是要面临很多选择,重大的决定往往会影响我们一生。在作重大决定、重要选择的时候,一定要多方考虑,慎重行事;要三思而行,做事要谨慎;为人处世要冷静,多思量几分,再下定夺。

第三章

遇事三思而后行

我们经常会有因考虑不周、鲁莽行动而造成损失的情况，所以遇事不仅要把问题简化处理，有时也要"三思而后行"。要知道，许多矛盾和问题的产生，都是冲动、未经深思熟虑的结果。

石达开是太平天国首批"封王"中最年轻的军事将领。在太平天国金田起义之后向金陵进军的途中，石达开一直为开路先锋。他逢山开路，遇水搭桥，攻城夺镇，所向披靡，号称"石敢当"。太平天国建都天京后，他同杨秀清、韦昌辉等同为洪秀全的重要辅臣；后来又在西征战场上，大败湘军，迫使曾国藩又气又羞又急，欲投水寻死。在"天京事变"中，他支持洪秀全平定韦昌辉的叛乱，成为洪秀全的首辅大臣。但是，就在这之后不久，石达开却独自率领20万大军出走天京，与洪秀全分手。最后在四川大渡河全军覆没，他本人亦惨遭清军首领骆秉章杀害。石达开出走和失败的事例就是典型鲁莽行动的体现，足以使后人深思。

1857年6月2日，石达开率部由天京雨花台向安庆进军，出走的原因据石达开的布告中说是因"圣君"不明，即责怪洪秀全用频繁的诏旨来牵制他的行动，并对他"重重生疑虑"，以致发展到有加害石达开之意。这就使二人之间的矛盾白热化了。当时要解决这一日益尖锐的矛盾，有三种办法可行：一种办法是石达开委曲求全，但在当时已不可能，心胸狭窄的洪秀全已不能容忍石达开；一种是急流勇退，解印弃官来消除洪秀全对他的疑惑，但这也很难，因为当时形势已近水火，如石达开真要解职的话恐怕连自己的性命都难保；第三种是诛洪自代，谋士张遂谋曾经提醒石达开吸取刘邦诛韩信的教训，面对险境，应该推翻洪秀全的统治，自立为王。

按当时的实际情况看，第三种办法应该是较好的出路，因为形势的发展实际上已摒弃了像洪秀全那样的领袖，需要一个像石达开那样的新的领袖来维系。但是，石达开的弱点就是中国传统的"忠君思想"，他愚忠地讲仁慈、讲信义，对谋士的回答是"予唯知效忠天王，守其臣节"。因此，石达开认为率部出走才是其最佳方案。这样既可打着太平天国的旗号，进行从事推翻清朝的活动，又可避开和洪秀全的矛盾。石达开率大军到安庆后，如果按照原来"分而不裂"的初衷，本可以将此地作为根据地，向周围扩充。安庆离南京不远，还可以互为声援，减轻清军对天京的压力，又不会失去石达开原在天京军民心目中的地位。这是石达开完全可以做到的。但是，石达开却没有这样做，而是决心和洪秀全分道扬镳，彻底决裂，舍近而求远，独去四川自立门户。

历史证明这一决策完全错了。石达开虽拥有20万大军，英勇决战江西、浙江、福建等12个省，震撼半个中国，历时7年，表现了高度的坚韧性，但最后仍免不了一败涂地。1863年6月11日，石达开部被清军围困在利济堡，石达开决定用自己一人之生命换取部队的安全。这是他的又一个决策失误。当石军中部属知道主帅"决降，多自溃败"时，已溃不成军了。此时，清军又采取措施，把石达开及其部属押送过河，通过船运达到把石达开和2000多解甲的战士分开的目的。这一举动，顿使石达开猛醒过来，他意识到诈降计拙，暗自悔恨。

回顾石达开的失败，主要是个人决策的失误。他不自量力的行动，决定了他出走后不可能有什么大的作为。当我们在作决定时，常会犯一个老毛病，就是"不自量力"地做一些吃力不讨好，甚至"赔了夫人又折兵"的事情。在作出决定前，首先应先问问自己，作出这个决定到底是为什么，有什么目的，如果做此决定会产生何种后果。这样便能促使自己三思而后行，避免冲动。其次，还要锻炼自制力，尽力做到处变不惊、宽以待人，不要遇到矛盾就以"兵戎相见"，像个"易燃品"，见火就着。倘若你是个"急性子"，更应学会自我控制，遇事时要学会变"热处理"为"冷处理"，考虑过各个选项的利弊得失后再作出决定。

遇事三思而行，理清头绪，考虑周全，是做事基本原则，也是减少犯错的好办法。凡事都要考虑仔细，否则后果将不堪设想。

细思慎行，考虑周全

李白有一句耐人寻味的诗："大贤虎变愚不测，当年颇似寻常人。"意指狮子不讲信用、不守诺言。

现实生活中也是这样。很多人胸有大志但却没有作为，一方面的原因在于眼高手低，自己的能力不足以支持自己的志向；另一方面也是最重要的原因就是做事不慎重，因小失大，不注重细节而导致失败。遇事不考虑很容易酿成糟糕的结果，凡事三思而后行才能在人生的旅途上稳扎稳打地向着自己的目标前进！有这样一句俗话："巧妇难为无米之炊。"其实，此言差矣。有米的话，纵然不是巧妇也能做饭。假如巧妇完成了有米之炊，那么她还算是巧妇吗？巧妇和愚妇又有什么区别？照此说来，只要有米，人人都可以成为巧妇。真正的巧妇，能为无米之炊。"巧妇难为无米之炊"只不过成了人们因条件欠缺的托词。人生也有类似的境遇，当遇到某些带有决定性意义的事情的时候，往往会因为准备不足，谋划不善，敷衍地用一句"巧妇难为无米之炊"搪塞过去，以至于失去时机，酿成大错。

事情在于谋划，不谋不立。有条件要上，没条件，创造条件也要上。客观环境不利于我们，我们就应该发挥主观能动性，改变不利于我们的因素，创造有利于我们的条件。庸人和能人的区别往往就在于对客观环境的态度上。

三国时魏国的名将司马懿占领了街亭以后，亲自带领15万大军要攻打诸葛亮驻兵的西城。这个时候，诸葛亮身边并没有大将，所带的 5 万名士兵有一半是遣粮草的兵，不能打仗。司马懿的兵一到，他们都吓得心惊胆战，不知怎么办才好。

诸葛亮到城头一看，果然尘土飞扬。诸葛亮传下命令把所有的旗子都藏起来，城里的人不许随便出入，也不许大声说话，把四面城门全都打开，每个城门口用 20 名老兵扮成老百姓，拿着扫帚打扫街道，魏兵到了也不许乱动。诸葛亮吩咐完了，领着 2 个小童上了城楼，坐在城楼上喝酒弹琴。不久，司马懿率军来到了城下，远远望去，但见诸葛亮稳坐在城楼上喝酒弹琴，轻松自得，像个没事儿人似的。

司马懿看了，心里顿生疑惑，赶紧下令叫军队后撤。他的儿子司马昭奇怪了，于是就问："为什么要撤退？是不是诸葛亮没有兵故意做出样子来迷惑我们的？"司马懿训斥道："你小小年纪懂得什么？诸葛亮一向小心谨慎，从不冒险，你看他在城楼上一坐，四门大开，里面一定有埋伏。我们如果冲进去，多半会中了他的埋伏，还是快快后退 40 里！"

就这样，司马懿的兵迅速后退。蜀军的官员都很惊奇，就问诸葛亮："司马懿是魏国的名将，如今带了 15 万大军攻打过来，见了丞相为什么退得这样快？"诸葛亮笑道："司马懿知道我一向很小心，绝不敢冒险。今天我把城门大开，他就会怀疑我有埋伏，所以就很快撤退了。"

越是危急的时刻，越能显出一个人的胆略和计谋。司马懿 15 万大军压境，诸葛亮竟施展空城计的奇谋大退敌兵，传为千古美谈。诸葛亮之所以敢出奇策，是因为他对司马懿的了解和情势所逼。如果不这样做，西城就会落入司马懿的手中，伐魏的战略部署也会被打乱，可谓一着不慎满盘皆输。但是诸葛亮善于谋划，深知兵不厌诈的道理，虚者虚之，疑中生疑，跟司马懿上演了一出心理战。

巧妇能为无米之炊。人生所遭遇的种种情况不是每一种都有利于自己，不能因为情势不利于自己就灰心丧气，绝望颓废。这时的想法和做法应该是变逆境为顺境，变颓势为强势。

每件事情都会有不同的处理方法，遇事要三思而行。诸葛亮用空城计也是经过三思的。他掌握了司马懿的心态，故而跟司马懿上演了一出心理战。

时刻保持清醒

　　行成于思,毁于随。人在任何环境、任何情形之下,都应该基本保持清醒的头脑,也就是要保持正确的判断力。当别人失去镇静手足无措时,你仍能保持着镇静;在旁人做着可笑的事情时,你仍然能保持着正确的判断力。能够经常这样做的人,才算得上是真正的杰出人才。

　　易于慌乱、遇事便手足无措的人,必定是那种思考不成熟的人。这种人不足以被交付重任。只有遇到意外情况时不慌乱的人,才能担当起大任。在很多私人企业中,常能见到某位能力平平、业绩也不怎么出众的人担任着重要的职位,同事们对此总感到不平。但他们不知道,雇主在选择重要职位的人选时,并不只是考虑职员的才能,更要考虑到其头脑的清晰、性情的敦厚和判断力的健全。老板深知,自己企业的稳步发展,依赖于职员的办事镇定和良好的判断力。

　　一个头脑镇静的优秀人物,不会因境地的改变而有所动摇。经济上的损失、事业上的失败、环境的艰难困苦都不能使他失去常态。因为他是头脑冷静、信仰坚定的人。同样,事业上的繁荣与成功,也不会使他骄傲轻狂,因为他安身立命的基础是牢靠的。在任何情况下,做事之前都应该有所准备,要脚踏实地、未雨绸缪。否则,一旦困难临头,就会慌乱起来。当大家都慌乱而你能保持镇定时,良好的心态就给予你极大的力量,你就具有很大的优势。在整个社会中,只有那些处事镇定,无论遇到什么风浪都不慌乱的人,才能应付得起大事,才能成就大事。而那些情绪不稳、时常动摇、缺乏自信、危机一到便掉头就走、一遇困难就失去主意的人，一辈子只能过着庸庸碌碌的生活。

海洋中的冰山，无论风浪多么狂暴，波涛多么汹涌，那矗立在海洋中的冰山仍然岿然不动，好像没有被波浪撞击一样。这是为什么呢？原来冰山庞大体积的 7/8 都隐藏在海面之下，稳当、坚实地扎在海水中，这样就不会被水面上波涛的撞击所撼动。

思维上的平稳与镇静是思想成熟的结果。一个思想偏激、思维片面的人，即使在某个方面有着特殊的才能，也总不如那种有成熟思想的人来得好。思维的片面发展，犹如一棵树的养料全被某一枝条吸去，那根枝条固然发育得很好，但树的其余部分却萎缩了。

许多才华横溢的人也曾做出过种种不可理喻的事情来，这可能是因为判断力一时失误的缘故，但这并不妨碍他们一生的前程。一个人一旦到了头脑不清楚、判断力不健全的阶段，那么往往终其一生事业都不会有所进展，因为他无法赢得其他人的信任，也不可能处理好各种事物。

如果你想做个能得到他人信任的人，就要让自己的头脑学会清晰思考，准确判断，努力做到件件事都冷静对待，处理得当。有些人做事时，尤其是做琐碎的小事时，往往敷衍了事，本来应该做得很好，可是他们却随随便便，这样无疑在减少他们成为优秀人物的可能性。还有一些人，一旦遇到了困难，往往不加以周密的判断，而是贪图方便，草率了事，使困难不能得到圆满的解决。同样，他们也成为不了优秀人物。

如果你能常常要求自己去做那些应该做的事情，而且竭尽全力去做，不受制于贪图安逸的惰性，那么你的品格与判断力，必定会大大地增进。而你自然也会为人们所承认，成为被人们称为"头脑清晰、判断准确"的优秀人才。

冷静的头脑，有助于作出正确的判断，能当大任。一个思想偏激、看问题武断的人，即使才高八斗，也终会无所成。

做个思路清晰的人

不必智商极高,只要智商中等,加上思路清晰,就可以成为聪明人。思路清晰的思考源于思考方法的正确使用。一个思路清晰的人,能够让头脑作出最大限度的运转,借着正确的判断作出高明的决策。每个人若想获得成功,就必须学会思路清晰的思考习惯。

如何令自己成为一名思路清晰的幸运儿呢?虽然思考的过程是相当复杂的,但它基本上可分成4个阶段。若能仔细研究这些步骤,判断力必能获得相当的提升。

(1) 找出问题核心

开始时必须了解问题的症结所在,否则将无法深入问题核心。有些人常常在定式思维的老路子上徘徊,总也作不出决定,原因就是没有找到问题的症结所在。这犹如一道简单的数学题,如果不了解题的目的,就无法解题。举一个简单的例子,如果有人因为靴子磨脚,不去找鞋匠而去看医生,这就是不会处理问题,没有找到问题的核心。从这一点我们就可以理解,为什么说去掉枝节、直击核心是最重要的步骤。否则,问题的本身和影子会扭成一团而理不清楚。有了问题时,就该想想这个例子,一定要把握住问题的核心。能够找出问题的核心,并简洁地归纳总结出来,问题就已解决一大半了。

(2) 分析全部事实

在了解到真正的问题核心后,就要设法收集相关的资料和信息,然后进行深入的研讨和比较。应该有科学家搞科研那样审慎的态度,解决问题必须采用科学的方法,作判断或作决定都必须以事实为基础。同时,从各个角度来分辨事理也是必不可少的。例如,现在有一个简单的问题,为了解决这个问题需要在备忘录上列出两栏,一栏分别列出每一种解决方案的好处,另一栏列出各种方案的弊端,同时把相关的事项全部记入。之后,就可以比较利害得失,作出正确的判断了。

一旦相关资料都齐备后,要作出正确的决定就容易多了。收集相关资料,对于理性思考的产生非常重要。

（3）谨慎作出决定

在作完比较和判断之后,很多人往往马上就得出结论,但如果时间允许,最好暂缓下结论,试着花一天的时间把它丢在一边,暂时忘掉。也就是说,在对各项事实作好评估之后,要给大脑一个缓冲时间。人在仓促之中,容易遗漏一些重要信息,思路也容易在不知不觉之中陷入偏执。

（4）小型试验在先

思考方案在付诸实施之前,必须先作小型试验,以求通过实践检验出自己思考的正确与否。不妨先对一两个人或两三种情况作试验,这样就能了解想法和事实有无出入。如有不符之处,要立即修正。

做到这个地步,基本就算妥当了。经过以上的步骤,事实的评价、拟定计划、小型试验等,然后就可导入最后的决定。这样在无形中就形成了一次思路清晰的思考过程。

思路清晰,不仅能更好地做事,更能在第一时间理清头绪,作出更好的判断。

比别人多想一点

在欧洲，有一个国家的妇女有戴大帽子的习惯，即使进剧院看戏也不脱帽。有时进剧院看戏的妇女多了，整个剧院犹如一大片七彩的巨型蘑菇绽开其中，严重影响后排观众看戏。为此，观众常给剧院经理提意见：要么让女观众脱帽，要么退票。经理只得上台劝说女观众脱帽，每次都无济于事。有一次，当观众再次提出这一要求时，经理只得再次登台劝说，女客们仍照戴不误，顿时场内秩序大乱。这时一个小职员附在经理耳边说了几句话，经理疑惑地看着他说："这样说行吗？"小职员笑笑说："您试试看。"于是，经理又一次对观众说："这样吧，为了照顾年老一点的女客，她们可以不脱帽；年轻漂亮一点的女客，希望你们把帽子脱下来。"这句话还真灵，全场女客一下子把帽子都脱了下来，因为谁都不愿意让别人说自己是老太婆。

这一故事中，小职员就运用发散思维，另辟一条让女客脱帽的蹊径。他知道，光说"脱帽"不起作用，干脆利用人的虚荣心理，用一句"不脱"让她们自己脱下。没想到还真起到了作用。

其实有很多灵感可以让你达到这种效果。下面的故事就是很好的例子：古时候，有两个兄弟各自带着一只行李箱出远门。一路上，重重的行李箱将兄弟俩都压得喘不过气来。他们只好左手累了换右手，右手累了又换左手。忽然，大哥停了下来，在路边买了一根扁担，将两个行李箱一左一右挂在扁担上。他挑起两个箱子上路，反倒觉得轻松了很多。

让自己比别人多想一点，让自己的思维与众不同，有可能你想出来的就是一个无与伦比的好点子！

会动脑筋才能成功

一个城里男孩凯尼移居到了乡下,从一个农民那里花100美元买了一头驴,这个农民同意第二天把驴牵给他。

第二天农民来找凯尼,说:"对不起,小伙子,我有一个坏消息要告诉你,驴死了。"凯尼回答:"好吧,你把钱还给我就行了。"

农民说:"不行,我不能把钱还给你,我已经把钱给花掉了。"

凯尼说:"OK,那么就把那头死驴给我吧。"

农民很纳闷:"你要那头死驴干什么?"

凯尼说:"我可以用那头死驴作为幸运抽奖的奖品。"

农民叫了起来:"你不可能把一头死驴作为抽奖奖品,没有人会要它的。"

凯尼回答:"别担心,看我的。我不告诉任何人这头驴是死的就行了。"

一个月以后,农民遇到了凯尼,农民问他:"那头死驴后来怎么样了?"

凯尼说:"我举办了一次幸运抽奖,并把那头驴作为奖品,我卖出了500张票,每张2块钱,就这样我赚了998块钱。"

农民:"哇!那群人没有把你打死?"

凯尼骄傲地回答:"只有一个人会来打我,就是那个中奖的。所以我把他买票的钱还给他就没事了!"

许多年后，长大了的凯尼成为了安然公司的总裁。

思维的独创性是创新思维的根本特征，创新就是要敢于超越传统习惯的束缚，摆脱原有知识范围的羁绊和思维过程的禁锢，善于把头脑中已有的信息重新组合，从而发现新事物，提出新见解，解决新问题，产生新成果。这样的突破常规的例子数不胜数。

暑假前，16岁的佛瑞迪对父亲说："我要找个工作，这样我整个夏季就不用伸手向你要钱了。"不久佛瑞迪便在广告上找到了适合他专长的工作。第二天上午8点钟，他按要求来到纽约第42街的报考地点，可那时已有20位求职者排在队伍的前面，他是第21位。

怎样才能引起主考者的特别注意而赢得职位呢？佛瑞迪沉思良久后想出了一个主意。他拿出一张纸，在上面写了几行字，然后把纸折得整整齐齐交给秘书小姐，恭敬地说："小姐，请你马上把这张纸条交给你的老板，非常重要！""好啊，先让我来看看这张纸条……"秘书小姐看了纸条上的字后不禁微笑起来，并立刻站起来走进老板的办公室。结果，老板看了也大声笑了起来。原来纸条上写着：

"先生，我排在队伍的第21位。在您看到我之前，请不要作任何决定。"最后，佛瑞迪如愿以偿地得到了这份工作。

一个会动脑筋思考的人总能把握住机会，并妥善地解决问题。

成功离不开睿智的创意。

莫计较眼前利益

第三章 凡事三思而行，世间难买后悔药

古人说："木秀于林，风必摧之；堆出于岸，流必湍之；人高于众，众必非之。"面对如此复杂的人际环境，有时候糊涂处事，方能立于不败之地。这是道家的人生观，也是一种以不变应万变的智谋。

想当年，深谙此道的刘备为防止曹操谋害自己，终日在后园种菜，装作胸无大志的样子，瞒过了曹操，躲过了劫难；而那个颇自负的杨修在曹操面前一再表现自己的聪明，后来被曹操找个借口杀掉了。如此种种，说明难得糊涂乃是超然物外的至高境界，是真正的大彻大悟。遗憾的是，人们往往不懂得糊涂艺术，常常是聪明反被聪明误。

就拿唐初的谋臣刘文静来说，如果他在李渊在位时懂得糊涂之妙，肯定会安度晚年，享尽荣华富贵。可是，他太斤斤计较眼前利益了，竟然在李渊活着时大发牢骚，怎么能不倒霉呢？刘文静是李世民起兵反隋时的主要谋臣，在后来的数次战役中屡立大功，说他是唐朝的开国元勋并不为过。与刘文静相比，裴寂的资历要浅一些。裴寂是经刘文静的介绍才加入反隋行列的，但他善于结交李渊，甚至将隋炀帝的宫女私自送给李渊，与李渊在酒桌上称兄道弟，是李渊的酒肉朋友。

李渊称帝后，对裴寂的宠爱异乎寻常，授予他右丞相之职，每次上朝与他同登御座，退朝后相携入宫，对他言听计从，赏赐无度。而刘文静却不受宠信，官职只是一个小小的尚书，因此他感到很不公平，每次上朝故意与裴寂唱反调。渐渐地两个人成了死对头。有一次，刘文静在

81

上朝时，受到裴寂的一番奚落，回到家中仍余气未消，以刀击柱，发誓说："我一定要杀掉裴寂这个王八蛋。"岂料家贼难防，刘文静的这些话被他的一个失宠的小妾听到了，并且上告了朝廷。朝廷审问时，刘文静将自己的想法和盘托出："当初起兵时，我的地位在裴寂之上，如今裴寂被授予高官，而我的官职比他小了许多，所以心怀不满，酒醉之后说些过头的话也是人之常情。"李渊知道了刘文静的申辩很生气，认为他有谋反之心，决定将他处死。朝中多数大臣都为刘文静说好话，据理力争。其实，李渊觉得刘文静与自己比较疏远，总是不放心，想趁此机会除掉刘文静。裴寂看出了李渊的心思，火上浇油地说："刘文静的确立过大功，无奈他已经有了反心，如今天下还不太平，若是赦免了他，肯定会成为后患。"

这话正中李渊的下怀，李渊立即宣布将刘文静处死。刘文静临刑时，仰天长叹："古人说，飞鸟尽，良弓藏，真是这么一回事啊！"

为人太计较，往往是因为拿得起，放不下。活得累，得不偿失。人生不过白驹过隙，短短数十年，何不放下，让自己活得轻松、自在！

做人不能太清高

《后汉书·班超传》中语："今君性严急，水清无大鱼。"指水太清了，鱼就无法存身。这是饱经沧桑的前辈留给后人的一个办事准则。在处理人事关系的问题上，一定要铭记这一点。

明成祖时，广东布政使徐奇进京朝见皇上，顺便带了一些岭南的藤席准备馈赠给朝廷中的官员。不料，京城的巡逻官把这些藤席截获，并将徐奇馈赠礼品的人员名单呈给了明成祖。明成祖反复看了几遍名单，见其中唯独没有太博杨士奇的名字，觉得有必要问个究竟，于是立即召见了杨士奇。杨士奇解释说："当初徐奇受命赴广东任布政使，离行前众官员都作诗为他送别，所以徐奇这次回京特用藤席回赠。那一次臣正好有病在身，没有赠诗给徐奇，不然的话，我这次也在馈赠之列。今天众官员的名字虽然都在礼单上，但他们不一定会接受徐奇的礼物。再说藤席乃岭南特产，徐奇馈赠藤席只是为了表达谢意，不会有别的目的。"

杨士奇这番话讲得自然得体，明成祖对他的疑惑打消了，也原谅了徐奇，命人把名单烧了，从此再也没有过问此事。在封建时代，皇权是至高无上的，"君疑臣必死"。如果杨士奇借此机会炫耀自己的清廉，不仅不会得到赞赏，而且会加重明成祖对他的疑心。杨士奇故意将自己牵扯进来，说明自己与别人没有什么不同，从而赢得了明成祖的信任。更妙的是，杨士奇此举不但挽救了自己，也免除了徐奇的祸事。

刘睦是东汉明帝的堂侄，自幼好学上进，喜好结交有学问的名儒，长大后被封为北海敬王，忠孝仁慈，礼贤下士，深受百姓的爱戴。有一年岁末，刘睦派一名官员去都城洛阳朝贺。临行前，他问这位官员："如果皇上问起我现在的情况，你想怎样回答呢？"官员不加思索地说："您德高望重，忠心耿耿，是百姓的再生父母。下员虽然愚鲁，但此区区小事定能向皇上禀报清楚。"刘睦听后，连连摇头："你若这样说，就把我给害了！"见官员一副迷惑不解的样子，刘睦又接着说："你见到皇上之后，就说我自承袭王爵以来，意志衰退，行动懒散，每日只知吃喝玩乐，对正业毫不用心。"

刘睦善于守拙，不想让皇上知道他是一个精明的人。因为在当时，凡有志向的皇室成员，容易受朝廷的猜忌，弄不好就会招来杀身之祸。刘睦故作糊涂人，实在是明哲保身的妙计。

杨士奇、刘睦都是聪明之人。如果他们与众不同，必定会招来君王的猜忌。糊涂做人往往能化险为夷，避免招来杀身之祸。

谋定而后动

第三章 凡事三思而行，世间难买后悔药

下士用力，上士用智。只有懂得思考的人才有可能在未动手之前先将各种可能会碰到的苦难考虑清楚，然后想好各种应对方法，并提前计划好各种工作实施的进程。困难来临时手足无措，又怎样能将事情办得完美呢？

古人形容将帅之才时常说："运筹帷幄之中，决胜千里之外。"要做到运筹帷幄，就必须作好预测，谋定而后动。人生的关键时刻，成败往往就在那么"一步"上。选择对了，就功成名就；选择错了，就满盘皆输。只有经过理性的分析和判断后，才有可能把握住自己的人生。做任何事都要有计划，行动的过程中还要有条有理。要考虑到哪些事情是应该做的，哪些事情是不应该做的；哪些事情是应该先做的，哪些事情是应该后做的；哪些事情是应该自己亲自做的，哪些事情是应该借助别人做的……

在我们的一生中，需要进行正确抉择的事情实在太多了，如果作出了错误的决定，进行了不恰当的行动，后果将是十分严重的。

世界著名的球星马拉多纳脾气十分暴躁，经常发火。他凭着出色的球技，取得了很大的成就，但缺乏理性的思考，却影响了自己的更大发展。1999年12月，他把自己踢球的经验传授给青少年。他多次提出要求，想进国家队教练班子，但阿根廷足协主席格隆多纳却总是转弯抹角地拒绝他。马拉多纳气急了，公开骂了格隆多纳20多天，然后跑到乌拉圭去度假，而且还怒不可遏，结果于2000年1月4日病倒住院了。

因为气愤，马拉多纳住进了医院。他的暴躁没有给予他任何帮助，反倒使自己陷入了困境。所以，缺乏三思而后行的理性分析，就会造成难以预料的恶果，给自己的事业带来灾难，而且不一定能够拯救自己。无论做任何事情，都要高瞻远瞩，保持理性与成熟的思考，克服冲动与莽撞，制订切实可行的计划，确立近期、中期和远期目标，坚持不懈地努力下去，成功就会离我们越来越近。

我国现代史上的著名民族企业家刘鸿生做事非常理性，很善于思考分析。他在作出战略决策之前，总要根据自己获得的信息，进行深入的分析研究，先逐步形成一个明确的经营目标，随后再围绕着这个目标，进一步搜集相关的信息和情报，全面考察市场情况和自身的经营状况，制订出一个切实可行的行动方案，把行动的每一个细节都周密地考虑到，对可能出现的意外情况都事先想好应对的措施。

刘鸿生年轻时做过开过煤矿的买办，后又从事火柴业、毛纺业、水泥业和搪瓷业等，实践经验丰富，经营十分精明，同洋人"洋火"开展激烈竞争。刘鸿生经营有方，使得自己的企业在上海站稳了脚跟，并占领了国内众多火柴市场。当时有人戏称，刘鸿生缚住了"凤凰"（瑞典火柴品牌）的一对翅膀，捆住了"猴子"（日本火柴品牌）的四只脚。他的大中华火柴畅销中国半壁江山，打破了"洋火"一统天下的局面，大长中国人志气，赢得了"火柴大王"的美称，成为我国历史上有名的爱国民族工商业资本家。

刘鸿生办企业成功，不忘报效祖国和家乡。1956年年初，我国政府对民族资本企业实行公私合营。刘鸿生带头将他两千多万元资本的全部企业财产都公私合营，实行了定息制度，以自己的实际行动拥护党的领导。

同时还有这样的一个案例：日本航空公司的三名代表与来自美国一家公司的经理进行谈判。美方代表有备而来，气势汹汹。刚开始谈判，他就借图表、电脑图像和种种数字的帮助，证明其价格的合理性。他念完所有的资料就花了两个半小时。而在这段时间里，日本的代表一句话也不反驳，只是默默听着。

美方代表说完时，重重地呼出一口气，靠在软软的座椅上，以为谈判结束，傲慢地问一声不吭的日本人："你们认为怎么样？"其中的一位日本代表彬彬有礼地笑了一下，说道："我们不明白。""什么？"美方代表惊诧地问道，"你们这是什么意思，不明白什么呀？"另一位日本代表又彬彬有礼地答道："全部事情。"锐气大挫的美方代表差点犯了心脏病，他勉强地挤出几个字："从什么时候开始？"第三位日本代表还是那么彬彬有礼："从谈判开始的时候。"美方代表苦笑着，但又能怎么样呢？他泄气了，靠在椅背上，打开昂贵的领带无精打采地妥协道："好吧。你要我们怎么样？"

三位日本代表同时彬彬有礼地答道："麻烦您再重复一遍吧。"

美方起初的那股气势早已烟消云散了，谁能再一字不漏地重复那堆两个半小时的材料呢？日方反过来处于主动地位，美方的气势开始下跌，而且形势对他愈来愈不利。显然，美方已经成了一个失败者了。美方一败涂地的原因不是因为他准备不充分，而是因为没有经过熟虑，而是一意孤行地认为用气势来压倒对方就能办妥事情。

无论何事，都要保持冷静、理智的思考，冲动与鲁莽解决不了任何问题。在处于被动或占下风时，要学会化被动主动，学会扭转局势。

千方百计抓住时机

一个人的竞争能力如何,往往就看其是否善于抓住机会。善抓时机是非常重要的,这是取得事业成功的必不可少的因素。能否抓住这样的时机,是一个人一生事业成败的关键。聪明人总是善于抓住时机,他们特别重视从以下几个方面来努力。

(1) 认识时机

对于聪明人来说,到处都有时机。运动场上,抓住时机,则金牌垂胸;疆场对阵,抓住时机,则赢得胜利;科坛夺魁,抓住时机,则独占鳌头。国际知名管理学家哈洛尔德·康茨和西里尔·奥登纳尔在其颇有影响的著作《管理学精华》中特别强调要"认识机会",并指出"认识机会是规划的真正出发点"。只有认清机会,才能"建立起现实主义的目标",提出可行性方案。人才是时代的产儿,但是在同一时代、同样条件下,不同的人发挥的作用有时会有天壤之别,除了其他条件之外,关键在于能否认清时代,抓住机会。只有当人们不失时机地认识和利用这种历史条件,才能取得成果。当达尔文认识到进化论学说"一旦普遍被采纳以后,我们就可以隐约地预见到在自然史中将掀起重大的革命","一片广大而尚无人迹的研究领域将被开辟"之后,他选中了这一目标,并付出了几十年的心血,终于取得了显著的成果。

(2) 看准时机

聪明人知道,看准时机是成功的真谛。美国学者阿瑟·戈森曾问著名演员查尔斯·科伯恩："一个人如果想要在生活中获得成功，需要的是什么？大脑，精力，还是教育？"查尔斯摇摇头，"这些东西都可以帮助你成功。但是我觉得有一件甚至更为重要，那就是：看准时机。"他解释说，演员在舞台上，是行动——或者按兵不动，是说话——或者缄默不语，都要看准时机。"在舞台上，每个演员都知道，把握时机是最重要的因素。我相信在生活中它也是个关键。如果你掌握了审时度势的艺术，在你的婚姻、工作以及你与他人的关系上，就不必刻意追求幸福和成功，它们会自动找上门来的！"阿瑟·戈森曾一针见血地指出："有多少生活中的不幸和坏运气，只不过是没有看准时机！"

(3) 寻找时机

寻找时机，既要敢于冒险，也要有自知之明。聪明人知道根据自己的条件与可能性的具体情况，决定怎样努力。日本一位青年心理学专家指出："青年在不能确认自己的情况下，所进行的活动和实践，只能是一种逃避和消遣。从这个意义上说，青年必须首先从正视和分析此时此地从我开始。"所谓"确认自己"，也就是认识自己。认识自己是认识机会的先决条件。有志于干一番事业的青年人，都渴望在社会中实现自身的价值。我们日常所说的确定奋斗目标，实际上就是依据自己的价值观念，考察自身价值到底在哪一领域中才能得以最充分的体现，从而确定自己的最佳发展方向。这一考察过程当然需要学识与经验，然而，更需要的却是勇气——敢于面对人生，敢于无情地解剖自己，敢于对自己讲真话的勇气。

人的一生，总是有几个大的转机的。大的转机，必有大的变化。没有大变化，也就没有大的发展。而要有大发展，就要善于抓住时机。哲学家培根说过："造成一个人幸运的，恰恰是他自己。"他还说过："幸运的机会好像银河，它们作为个体是不显眼的，但作为整体却光辉灿烂。"只有像聪明人一样抓住一个个"不显眼"的时机才会获得光辉灿烂的成功。

(4) 把握时机

在人生的旅途上，一次偶然的机会，导致了伟大而深刻的发现，使科学家因此成名；一个突如其来的机会，使有的人大展才华，干出了一番惊天动地的事业，从而名垂青史；甚至一次意外的事变，也影响一个人的整个生涯，对他的发展起着转机作用……凡此种种，在实际生活中都是常有的。

聪明人相信，经过个人的努力，时机是可以把握的。愚蠢的人等待机会，聪明的人创造机会。时机虽受各种因素的综合影响，但无论如何。有一点是可以肯定的：经过个人的努力，时机是可以把握的。美国有位学者通过对奥林匹克运动员、总经理、宇航员、政府首脑以及其他获得成功者的多年探访，逐渐认识到成功者绝非因为特权环境、高智商、良好教育或异常天赋的结果，同样也不是一时走运，而是由于他们对自己的行为负责，认识自己的才能，追求自己的目标，迎接挑战，适应生活。他把这三点称之为"成功者的优势度"，是成功者与普通人之间存在着的一种微妙的差别。有的精明人天赋甚高，却恃才自傲而缺乏行动，丧失了不知多少成就事业的良缘。有的人在一时走运、初见成果后，便陶醉于快乐而忘记自己面临更多的机会，难成大器。唯有那些创造奇迹之后，忘记快乐，仍清醒地面对和选择无限的可能性的聪明人，才能成就大事。

（5）创造时机

经常听到一些人埋怨机会不佳，命运不公，总觉得自己碰不到机会，每每看到别人的成功，总是归结为"运气好"。实际上，机会对每一个人都是公平的。成大功、立大业的人，往往不是那些幸运之神的宠儿，反而是那些"没有机会"的苦命孩子。

亚历山大在攻克了敌人的一座城市之后，有人问他："假使有机会，你想不想把第二座城市攻占了？""什么？"他怒吼起来，"我不需要机会！我可以制造机会！""没有机会"永远是那些失败者的遁词。随便问一个失败者，他会告诉你，自己之所以失败，是因为得不到像别人那样好的机会——因为没有人帮助他，没有人提拔他。他也会对你说："好的职位已经额满了，高等的职位已被霸占了，所有的好机会都已被他人捷足先登，所以我是毫无机会了。"

聪明人总是告诉自己：没有机会也要创造机会！第二次世界大战的硝烟刚刚散尽时，以美英法为首的战胜国几经磋商，决定在美国纽约成立一个协调处理世界事务的联合国。一切准备就绪之后大家才发现，这个全球至高无上、最权威的世界性组织，竟没有自己的立足之地。买一块地皮吧，刚刚成立的联合国机构还身无分文。让世界各国筹资吧，牌子刚刚挂起，就要向世界各国搞经济摊派，负面影响太大。况且刚刚经历了二次世界大战的浩劫，各国政府都财库空虚，甚至许多国家的财政赤字居高不下。联合国对此一筹莫展。听到这一消息后，美国著名的洛克菲勒家族财团经过商议，果断出资 870 万美元，在纽约买下一块地皮，将这块地皮无条件地赠与联合国。同时，洛克菲勒家族亦将毗邻这块地皮的大面积地皮全部买下。

对洛克菲勒家族的这一出人意料之举，当时许多美国大财团都吃惊不已。870 万美元，对于战后经济委靡的美国和全世界，都是一笔不小的数目，而洛克菲勒家族却将它拱手赠出了，并且什么条件也没有。这条消息传出后，美国许多财团和地产商纷纷断言："这样经营不要 10 年，著名的洛克菲勒家族财团，便会沦落为著名的洛克菲勒家族贫民集团。"

但出人意料的是，联合国大楼刚建成完工，毗邻它四周的地价便立刻飙升起来，相当于捐赠款数十倍、近百倍的巨额财富源源不断地涌进了洛克菲勒家族财团。这种结局令那些曾讥讽和嘲笑过洛克菲勒家族捐赠之举的商人们目瞪口呆。其实许多时候，赠与也是一种经营之道。有舍有得，只有舍去，才能得到。善于权衡大小，注重长远利益，不争一时的得失正是聪明人的特征，他们也常常因此为自己创造出更多的机会。

聪明人眼中到处都有时机，主动追求时机，没有时机时创造时机。面对时机，把握时机是成功的真谛，而时机的关键在于是被动还是主动。

第四章
敢干不如会干,无谓风险冒不得

> 现代社会,竞争越来越激烈,敢于做事的人越来越多,而将事情做得好的人却少之又少。事情做得好的人,往往看得长远,目光敏锐,慧眼识人,能得体处世;对于风险既能做到防患于未然,又能在不断变化的形势中,看清形势,作出正确的判断。

第四章

眼光决定成败

第四章 敢干不如会干,无谓风险冒不得

现代社会竞争日趋激烈,如果识人没有眼光,处世没有过硬的手段,仅有一付好心肠、一颗慈悲心,已不足以应对面临的挑战。且不说谋大事成大业,恐怕在社会上立足都很困难。

如何才能实现事业的成功和灵魂的和谐?独到的眼光有助于你实现这一目的。可以说,一个人的通达,要看他的礼节;一个人的尊贵,要看他上进的程度;一个人的富裕,要看他的修养;一个人的贫穷,要看他哪些不接受;一个人的卑贱,要看他哪些不去做。高兴时检验他的操守,快乐时检验他的懈怠,愤怒时检验他的气节,胆怯时检验他的坚持,哀伤时检验他的情怀,受苦时检验他的志向……这些步骤都是经过检验行之有效、必不可少的。因为,我们在无数的伟大人物、成功人士身上,都曾经看到过它们的存在。

不论你是为官的、为民的、经商的、从政的,摆在你面前的不仅是生意上、专业上的几个难题,更重要的是顺畅上下左右的微妙关系。这就需要你有看人识人的眼光。好眼光能起到曲径通幽的妙用。如果你有好眼光,财源自会滚滚来,职衔也自会一路提升。面对困境,好眼光亦有起死回生的招术。假如你有撞到南墙也不回头的执著,不惜头破血流、两败俱伤,不如练就一双慧眼,善于识人、巧妙处事、以退为进、以曲求伸!

独到的眼光可以察人入微,勘破一个人的真伪,洞悉他内心深处潜藏的玄机，以不变应万变，使你在人生的旅途上左右逢源，移步生莲；独到的眼光可以看透周围发生的事，让你以一种平和的心态去看待人生的不顺与挫折；独到的眼光让你学会选择、懂得放弃，同时也提醒自己别捡了芝麻丢了西瓜；独到的眼光让你不甘于因循守旧、墨守成规，能够看准时机，敢于冒险；独到的眼光，使你"海阔凭鱼跃，天高任鸟飞"；独到的眼光，使你意识到学习是终生的事业……

确立好自己的目标，然后全身心地投入，把命运掌握在自己手里，坚定不移地按照自己确立的目标走下去。这样，总有一天你的努力会得到报偿。不要为自己寻找借口，你身上已经具备了你所需要的一切东西，完全可以去追求你想要的生活。我这里所做的，只是推你上路，用你自己的一双慧眼去追求自己的目标，创造自己的财富，实现你自己的使命。

必须指出的是，在与时俱进、以德治国的时代，我们必须摒除贪欲本能，强化道德理念。一个有意义的人生，需要切身体验，需要大智慧。

敢干的人很多，干得好的人却很少。这与个人眼光长短有关。成功的人，一般都具有独到的眼光，既能慧眼识人，又能得体处世。

事之至难，莫如识人

"事之至难，莫如知人"，这是宋朝诗人陆九渊的一句名言，他揭示了知人识人的基本哲理，说明了世上千难万难的事情，再没有比了解识别人更难的事情了。

事之至难，莫如知人。原因之一在于"凡事之所以难知者，以其窜端匿迹，立私于公，倚邪正，而以胜惑人之心者也"。这就是说，知人这样的事情不易了解的原因，是由于有人善于隐藏迹象，把私心掩盖起来而显出为公的样子，把邪恶装饰成正直的样子，去迷惑人的头脑。这些人的奸恶之所以难以辨识，是由于有正直、忠诚、善良的外表作掩护。

事之至难，莫如知人。原因之二在于"人心难测"。人心险于山川，难于知天。这就是说人的内心比险峻的高山和深邃的江河还危险，比天还难以捉摸。

事之至难，莫如知人。原因之三在于"人之难知，不在于贤不肖，而在于枉直"。识别人的难处，不在于识别贤和不肖，而在识别虚伪和诚实。人有坏人与好人之分，英雄有真英雄与假英雄及奸雄之分，君子有真君子与伪君子之分。人还可以分为虚伪与诚实，有表面诚实而心藏杀机之人；有"大智若愚"表面看上去是愚笨的样子，而内在里却是聪明之人；有"自作聪明"而实际是愚人；有当面是人，背后是鬼的两面派。

事之至难，莫如知人。原因之四在于"材与不材之间，似是而非也"。即指贤才与非贤才之间，似是而非，难以分解。可以说，任贤非难，知贤为难；使能非难，知能为难。正因为任用贤德的人并不太难，了解有贤德的人才真正困难；使用有才能的人并不难，发现有才能的人才真正困难。所以，正因为上述种种原因，难怪人们常说，天下者，知人为难。今天的领导懂得知人识人之难，就不会对人轻下结论，就不会擅自决定人事，就会更科学地鉴别和使用人才。知人识人不仅是最难的，而且也是最事关重大的。

世界上什么事情是最大的事情？有人说，集体的事是大事；有人说国家的事是大事；有人说，结婚是人的终身大事；有人说，解决人的吃饭问题是大事。这些说法不无道理，但从更为根本的意义上讲，"事之至大，莫如知人"。也就是说，相对从不同角度来说的大事和小事来讲，世界上所有的一切事情，再也没有比知人用人更大的事情了。

对于帝王来说，"帝王之德，莫大于知人"，没有比识别人才更重要的了。对聪明的人来说，"知者莫大于知贤，政者莫大于官贤"，没有比发现和了解贤者更重要的了；对于主持政务的人来说，"尚贤者，政之本也"，尊重贤士是治政的根本。"求治之道，首于用贤"。治理国家的方法，首先在于使用贤人。"安危之本在于任人"，即国家安危的根本在于任人。"夫为国家者，任官以才，立政以礼，怀民以仁，交邻以信；是以官得其人，政得其节，百姓怀其德，四邻亲其义"。

想要成就大事，必须有一双识人的慧眼，让人才为己所用。没有比发现人才更重要的。

人弃我取，人取我与

第四章　敢干不如会干，无谓风险冒不得

在都市中常常可见到一些头戴破草帽、手持铁耙子的人，游弋于垃圾箱和破烂堆前，将别人丢弃的废物，东挑西拣，找出自己认为有用的东西，然后拿到废物收购站去卖。可别小看这个捡"破烂"行当，它不仅是这些人赖以谋生、养家糊口的手段，而且某些人还因此而暴富起来，人称"破烂王"。

其实，这些人无意间使用了"人弃我用"的方法。这一方法的发明者，是二千多年前的战国初期，一个叫白圭的商人。那时，魏国国君魏文侯任用李悝为相国，推行各种改革措施，以加强统治。李悝大刀阔斧地废除了贵族世袭当官的制度，代之以按照功劳和能力来选拔政府官员，还制定了一部《法经》，以削弱贵族们的特权。在经济方面，为了增加农作物产量，他推行了开发土地潜力、鼓励农耕的政策。应特别提出的是，这些政策中有一项"平籴"法，即国家在丰收年以平价买进粮食，到灾荒年时以平价卖出，使粮价保持稳定。这一举措极大地促进了魏国政治和经济的发展，使它很快成了战国初期的强国之一。

这时有个名叫白圭的商人，他从李悝的"平籴"法里得到启发，根据自己经商的经验和反复思考，也想出了一条看似平常却根巧妙的致富牟利的方法。"人弃我取，人取我与"。这一方法的核心在于：在别人都不要的时候我要，在别人要的时候我就给予。丰收时节农民们收获的粮食很多，大家都不缺粮，粮价随之便宜下来，白圭就趁机大量买进粮食。

与此同时，他抓紧时间卖出油漆和蚕丝等紧俏商品，因为这时不是割漆或收丝的季节，货源不足，物以稀为贵，价钱居高不下。

反之，到了收丝或割漆时节，这些物品大量上市，价钱下跌，白圭便买进蚕丝和油漆，卖出价格上涨的粮食。白圭按照这种"人弃我取"的原则，在一般人没注意到的一买一卖之间不断牟利，逐渐成了当时的富商。

任何方法和技巧的要义一旦道破，人们都会觉得平淡无奇。然而，道理上的明白和在实际中不失时机地加以利用并因此而获得成功，完全是两回事。正如下棋，在旁观战者会认为自己比正在下棋的人聪明，一旦轮到自己上阵，则会有不知所措之感。

　　人弃我取在今天看来似乎有点平常，但细细想来，敢于运用和善于运用，仍需具备相当的胆魄。

盲从经验吃大亏

太计较经验的人总是坚信"耳听为虚,眼见为实"。其实,人的感官有时也会愚弄和欺骗自己。抬头仰望天空,湛蓝湛蓝的天上,只有太阳在发出炫目的光。你说没有星星,其实星星是存在的,只不过被太阳的光芒遮住了。因此,眼见未必就是真的。经验往往是个人的直观感受,不一定具有普适性。在很多情况下,自己成功的经验,不一定适用于别人。因此成功者决不盲从于经验。

向成功者学习,这是所有想有点成就的人都要经历的过程。但必须明白一点,从别人的成功经验里学习一些东西是可以的,不过切忌将别人成功的做法生搬硬套地运用在自己的事业中。因为天下任何事情都有它自身的特点,别人的办法也许只适合别人。因此,对于成功者的经验和办法,一定要抱着一种警惕的心态去接受。跟着别人后面跑,永远不会超过别人。

可天下就是有那么多怪事,眼见别人开饭店发大财,自己也跟着开饭店,却赔钱;跟着别人学开服装店,但自己的店里就是没人光顾;看见别人下海经商炒股搞房地产成了亿万富翁,自己也弄个摊子,或跳进股海,结果血本无归,倾家荡产。

其实人与人的不同就在于,每个人都有自己的特点和长处,都有着与其他人不同的才能,都有自己特定的关系网,更有自己的性格特征。大凡成功者在选择目标时,都会尽可能地考虑到自己的特长,注意使各方面都有利于自己特长的发挥。你和他们主客观条件都大相径庭,步其后尘,当然要么失败,要么落后,你永远不会走到别人的前头。

因此,每个人都应找准自己的立足点。"一个萝卜一个坑",人人都有适合自己的社会位置。有的人天生就是艺术家,要是经商,不是赔得倾家荡产就是发不了大财;有的人最适合从商,让他读书做学问,只能一事无成;有的人说不清自己为什么在文学上就有成就,干其他什么事,不是提不起精神,就是维持。我们每个人只有认清了自己的特点,寻找到适合自己发展的最佳方式,才能从万花丛中独秀出来。

经验有时会蒙蔽人的双眼,使人作出错误的判断。别人的经验不一定适合你,要想成功,首先要定位好自己的人生。

不要迷信机遇

谈到人的命运，谈到成功，都不能不谈机遇。机遇是命运、成功和人生的核心问题。但是，对于机遇，应该相信它而不要迷信他。

机遇对于每一个渴望成功的人的确很重要，但是，无数经验教训告诉我们，机会只属于那些大脑灵活、准备充分并且积极肯干的人。

一位猎人上山打猎，一只兔子突然从跟前蹿过去，猎人急忙从身上取下枪，装上子弹，再去寻找兔子时，兔子早已不见了踪影，机遇从指缝间溜走了。而真正的猎人，总是枪弹上膛，端着枪，眼观六路，耳听八方，时刻警惕着，一有目标，就迅速瞄准射击。

把成功的希望总是寄托在机遇上的人，一般身心都很懒惰。他们不曾为机遇的到来作什么准备，所以，他们也就等不来什么机遇。即使有幸真的碰上了机遇，他们也会因为不善捕捉使之白白溜走。

机遇是人生的翅膀，但并不是所有的翅膀都能够飞。飞，要有翅膀，更要有心底的渴望和为此而付出的艰辛和努力。翅膀只是一种手段，如果根本没有飞行的愿望，或者有了愿望而不作任何努力，翅膀又有何用？懒汉由于不愿付出艰辛和努力，虽然有着强烈的内心渴望，当机遇垂青他的时候，也只是空欢喜一场。

对有些人来说，机遇就是火种，可以燃起燎原大火；而对另外一些人来说，机遇却只是灰烬，随风飘散。勤奋者，捧起机遇的火种，四处撒播；懒惰者，任凭机遇从眼前走过而熟视无睹，最终只落下满腹牢骚和怨气。

抓住机遇的人，虽然不一定能够改变自己的命运，但让机遇从身边溜走的人却从没有改变自己命运的可能。只有善于抓住机遇的人，才能真正把握自己的命运。他们让命运按照自己的意志改变，他们主宰命运而从不受命运摆布。错过了太多机遇的人便只好做命运的奴隶，他们抱怨命运的不公，感叹自己的命苦，却无力改变命运。

机遇总是垂青强者，因为强者作好了一切准备；懒汉只能垂头丧气，枉自嗟叹，望着机遇离自己远去。

如果一个人什么都不做，只想把成功寄托在机遇上，即使机遇降临，他们也不会获得成功。机遇往往留给那些有准备的人，做自己该做的事，机遇总有一天会到来。

不要过于依赖谋略

策略、谋略有自身的特点,若为人太过于斤斤计较,什么事都玩花招,都使计谋,到头来吃亏的还是自己。所以谋略是别人的圈套,也可能是自己的圈套。迷信自己的谋略,容易掉入别人谋略的圈套。

周瑜为了打败刘备,使用美人计,派人给刘备说媒,劝刘备到东吴招亲。刘备怕此事有诈,诸葛亮却大笑说:"周瑜尽管善于用计,但他岂能逃过我的神机妙算?主公但去无妨。"诸葛亮给了刘备三个锦囊,内藏三条妙计,让随同前去的赵云装在身上。结果,刘备不仅娶了孙权的妹妹,而且将东吴的兵将打得落花流水,这就是周瑜"赔了夫人又折兵"的故事。

要善于运用谋略,就需要把握谋略的特点。谋略有针对性。所有的谋略都有其适用范围,都是针对某人或某事的。超出其适用范围,谋略就不能称之为谋略,而成为什么都不是的空想、幻想。继续按这样的谋略去行事,失败是必然的。中国历史上最著名的谋略家姜子牙,其智慧可以保证周朝880年的天下。但如果他去做生意,可能连一担面粉都卖不出去。

谋略有时间和地点的局限性。谋略总是具体的,总是在特定的时间结合特定的场合,由特定的人针对特定的事才能起作用。否则,失败难免。拿破仑是世界上传奇式的军事家,很会用兵。在第一次世界大战中,法军效仿拿破仑的用兵之法,"除攻击之外不知其他",但当时机关枪已盛行，一味进攻的法军在敌军的机关枪面前大吃苦头。第二次世界大战中，法军汲取教训，把取胜的希望全都寄托在呕心沥血构筑号称固若金汤的马其诺防线上，但狡猾的德军则避开锋芒，从防线背后绕过去了。做人的灵活，就是要相机而动，随时而发，拘守于预先的谋略，只会给自己制造麻烦和失败。

做人也是这样，要讲究谋略，要善于运用谋略，但不能把成功的希望全部寄托在谋略上。

运用谋略也要把握谋略，不然的话，就会像周瑜那样"赔了夫人又折兵"，为他人做嫁衣。

看清形势,隐身自保

在处世中,人们常因一言一事不够恰当而得罪他人,所以提倡以隐为策,言其而寓事理中,看清形势学会自保。

唐高宗时代,高宗想废掉王皇后立武则天,问群臣可否。老臣长孙无忌等坚决反对。但许敬宗支持,他说:"田舍翁多收十石麦,尚欲更故妇,况天子呢?"高宗又问李责。李责是三朝元老,德高望重,他为了既不得罪众同僚,又能讨好高宗和武则天,便耍起了滑头。他既不明确表示赞成,也不表示反对,只是说:"此乃陛下的家务事,何必问外人?"高宗听后,心中有底,便堂而皇之地把武则天立为皇后了。李责正是凭着这样一种隐术,一直受到重用和尊重。

宋代的种放深得糊涂奥秘,虽然名利心切,急于出人头地,但为了更高更有效的仕途,却先当起了隐士。北宋初年,种放声称放弃了科举仕进之途,表现得极为超凡脱俗,以求身隐而名显。结果,从宋太宗时候起便不断有人上表推荐种放,皇帝也下诏令他进京任事。到真宗咸平五年,当真宗赐钱10万、绢帛百匹,遣使前去诏请时,他便来到了京城开封,被授以昭文馆直学士、左谏议大夫的职位。真宗赐给种放昭庆坊甲第一所,钱30万,银器500两。这时,种放府门庭若市,来访者络绎不绝,他也逢场作戏,应付一张张陌生的面孔。

唐朝的孟浩然,早年即显示出超人的才华,且名传京师。他很想到政坛上去一展身手。他与王维是好朋友。王维在内置值班时约孟浩然入内闲谈，恰遇玄宗驾临。玄宗久闻浩然之名，当下便让浩然朗诵自己的诗作。不料，诗中有"不才明主弃"一句，惹怒了玄宗。玄宗以为孟浩然是在讽刺他不分贤愚，埋没人才。孟浩然不但没得到什么官做，还惹怒了天颜。孟浩然是个明白人，他知道这一下仕途更加无望了，"当路谁想假，知音世所稀，只应守索寞，还掩故园扉"。于是他告别友人，离开长安回到故乡过起了隐居生活。此后，孟浩然由儒而道，在山水田园诗意中倾诉痛苦，消磨时光，抒发"且乐杯中物，谁论世上名"的感叹去了。他坦然地放弃仕途上的功名利禄，而选择寂寞平静，保全了一世英名。

晋朝张翰见齐王炯道德败坏，失去人心，就辞去大司马府高级官员职务，对同郡的顾荣说："天下纷乱不安，拥有盛名的人，想要退隐都很艰难。我本来就是乡野之人，性好闲适，早已不求一时的名望。你要好好以你的聪明防患于未然，以你的智慧预留后路。"于是就叫人驾车赶回故乡。不久，齐王炯败亡，许多人都说张翰有先见之明。

看清形势，以隐为策，是处世的典型。既不得罪人，又能自保，方更好地大展宏图。

找准定位，寻求错位

很多事物在人们头脑中形成一种心理定式。时间越长，这种定式对人们的创新思维的束缚就越强，要摆脱它的束缚也就越困难，越需要做出更大的努力。在工作中，我们只有打破思维上的定式和惯性，从常规之外想方法，才能在较短时间内取得较大的成功。影响创新的最大障碍是我们自己。由于过去的经验和阅历，人们在大脑中会逐渐积淀起某种思维模式。遇到问题时，这种模式就会自然浮现出来，帮助我们思考，从而形成一种思维的定式和惯性。

日本东芝电气公司的一个小职员，就是因为打破常规，为我们提供了一个成功的实例。东芝公司是日本一家非常知名的电气公司。由于多种原因，1952年前后，该公司曾一度积压了大量的电扇。为了打开销路，几万名职工绞尽脑汁想办法，但进展不大。有一天，一个小职员向当时的董事长石板提出了改变电扇颜色的建议。当时，全世界的电扇都是黑色的，东芝公司生产的电扇也不例外。这个小职员建议把黑色改成浅色。这一建议立即得到了董事长的重视。

经过董事会研究，公司采纳了这个小职员的建议。第二年夏天，东芝公司推出了一批浅蓝色电扇，大受顾客欢迎，市场上甚至掀起了一阵抢购东芝电扇的热潮。几个月内，几十万台电扇销售一空。从此以后，在日本乃至全世界，电扇不再是单一呆板的黑色面孔了。当然，那位提出改变颜色建议的小职员，成了东芝公司的功臣。

只是颜色的改变,就能让大量滞销的电扇在几个月之内迅速成为畅销品,这就是打破常规的好处。产生这样的想法,既不需要渊博的知识,也不需要丰富的经验。但为什么东芝公司聪明的老板和其他几万名职工就没人想到,没人提出来?这显然是行业惯例使然。

打破常规,不按常理出牌,突破传统思维的束缚,哪怕是一个小小的想法,也会产生非凡的效果。

在找准定位时,不能让思维的定式禁锢了思想,只有打破思维的定式和惯性,才能更好地发展。

挑战缺憾，要会干

每个人的身上都有一些不足的地方，只有通过不间断地改善以及学习才能弥补不足，最终取得成功。

知识和能力不是天上掉下来的，而是从学习和实践中得来的。要想成功，就应当养成不断向优秀的人学习的习惯。一个人向身边优秀的人学习得越多，那么他就越容易成功；反之，如果一直站在起点上，看着遥远的目标，越来越没有希望，那么永远都不会成功。

奥普浴霸的创始人方杰就拥有不断向身边优秀的人学习的习惯。早在澳大利亚留学的时候，方杰就有意识地到澳大利亚最大的灯具公司打工。当时的方杰还不懂商业谈判。他知道自己的缺陷，很希望学会谈判的本领。得知自己当时的老板就是一个谈判高手后，方杰就偷偷地向自己的老板学习。每当有机会与老板一起进行商业谈判时，方杰总是在口袋里偷偷揣上一个微型录音机。他将老板与对方的谈判内容一句句地录下来，回家后再认真、反复地听，揣摩、学习，研究老板是怎样分析问题，对方怎样提问，老板又是怎样回答的。

就这样学习了几年后，方杰也成了一个商业谈判的高手。最后老板退休了，就把位子让给了他。到了1996年，方杰差不多成了澳洲身价第一的职业经理人。后来，他再也不想为别人打工了，于是决定回国创业。方杰的奥普浴霸就是在这样的基础上做起来的。方杰并不是一个天生的生意人，他的成功，是虚心向老板学习的结果！

优秀的人往往是那些最有责任心的人。随时随地向优秀的人学习，那么你做事会更尽心尽力，你更会得到别人的欣赏。像优秀的人一样思考，像优秀的人一样行动，潜心向优秀的人学习，你也将变得更加优秀：

每一个对工作持有认真、负责态度的员工，都应该不断改进自己的工作方法，使公司适应市场变化，推动公司向前发展。

无论自己做得有多优秀，都不要满足于已有的成绩；要不断进步，不断发展，给自己寻找更广阔的空间。也只有这样，才能让自己更突出，更优秀。进步一点，你就离成功更近一点。

"金无足赤，人无完人"。挑战缺憾不仅能弥补自身的不足，更能不断进步，会获得意想不到的收获。

克服自卑，学会做事

法国伟大的启蒙思想家、文学家卢梭，曾为自己是孤儿、从小流落街头而自卑。存在主义大师、作家萨特，两岁丧父，一只眼斜视，并发展到失明，失去亲人与身体的残疾使他产生严重的自卑。法国第一帝国皇帝、政治家、军事家拿破仑，年轻时曾为自己的身材矮小和家庭贫困而自卑。美国英雄总统林肯出身农庄，9岁丧母，只受过一年学校教育就下田劳动，林肯曾深为自己的身世而自卑。日本著名企业家松下幸之助，4岁家败，9岁辍学谋生，11岁亡父，但自信一直是他奋进的动力。

从卢梭及众多名人的例子中，我们知道自卑是可以克服的。克服了自卑，我们也可以像他们一样做到卓越而无可替代。

首先，对自己的弱项或遇到的挫折，持理智的态度。既不自欺欺人，也不将自卑视为天塌地陷的事情，而是以积极的方式应对现实，克服困难，这样你便不会有时间去自卑，也能从不断进步中找到自信。

其次，我们不仅要看到自己的短处，也要看到自己的过人之处。我们不妨将自己的兴趣、嗜好、才能、专长全部列在纸上，这样可以清楚地看到自己所拥有的东西。另外，我们也可以将做过的事制成一览表。譬如，我们会写文章，记下来；我们善于谈判，记下来；我们会打字，我们会演奏几种乐器，我们会修理机器等，都可以记下来。知道自己会做哪些事，再去和同龄人比较，我们便能了解自己的能力所在。扬长避短，我们就会增强自信心，减轻心理压力，扔掉自卑，轻装前进。

再次，通过努力奋斗可以就某一方面的突出成就来补偿生理上的缺陷或心理上的自卑感。有自卑感就是意识到了自己的弱点，就要设法予以补偿；强烈的自卑感会是一种动力，往往会促使人们在其他方面有超常的发展。这就是心理学上的"代偿作用"，即通过补偿的方式扬长避短，把自卑感转化为自强不息的推动力量。

美国总统林肯弥补自己不足的方法就是通过教育及自我教育。林肯拼命自修以克服早期的知识贫乏和孤陋寡闻，在烛光、灯光、水光前读书，尽管眼眶越陷越深，但知识的营养却给了他全面的补偿，最后使他成了有杰出贡献的美国总统。许多人都是在这种补偿的奋斗中成为出众人物的。古人说："人之才能，自非圣贤，有所长必有所短，有所明必有所蔽。"从这个角度上说，天下无人不自卑。在通往成功的道路上，我们完全不必为"自卑"而彷徨，只要把握好自己，成功的路就在脚下。

最后，转移注意力。为了克服自卑，我们还可以将注意力转移到自己感兴趣也最能体现自己价值的活动中去，可通过致力于书法、绘画、写作、制作、收藏等活动，从而淡化和缩小弱项在心理上产生的自卑阴影，缓解心理的压力和紧张。每做好一件工作，我们便能获得进一步的信心；而有了信心，又可以使我们获得别人的赞美，进而得到心理上的满足。连锁的美好反应，是让我们走向成功的推进器，会使我们攀得更高，看得更远，彻底发挥所长，并达到自己想要的人生境界。

面对自卑，要坦然，不要只看到不足，要多想想自己的长处，学会自强不息，把握自己，就能走得更远。

不必事必躬亲

诸葛亮六出祁山，北伐中原，没有夺取大魏半寸土地，最终命丧五丈原；用兵奇诡而近妖，但遇到了隐忍奇才司马懿，虽小胜无数，但无所建树，每次北伐都无功而返劳师动众，穷兵黩武，以致蜀国国力渐渐空虚。

诸葛亮大半生鲜逢对手，不惧曹操，更不怕周瑜，征战数十载无往而不胜。自遇到司马懿，蜀军之败由此开始。先是失街亭，断绝粮草，孔明虽用空城计败走司马懿，但最终带着一千老弱病残退回齐山。五出祁山时，由于司马懿凭险坚守，拒不出战，诸葛亮奈何不了他，送女人衣服企图激怒司马懿。谁料懿不但不以为耻，反而欣然受之，大加赞赏！真不愧是厚而无形、黑而无色的大师！其用治军之潇洒、心胸之豁达尤在诸葛亮之上！诸葛亮事无巨细，事必躬亲，举轻若重，致其积劳成疾，活活地被司马懿拖死在五丈原。姜维虽依计吓退了司马懿，但毕竟是死了的诸葛亮！

诸葛亮在蜀中操纵着权力，刘禅等对之言听计从，可以说是随心所欲，无所阻力。反观司马懿在朝中举步维艰，魏主曹操、曹丕、曹睿对其忌惮很深，虽有雄才伟略，却处处掣肘，随时都可以被魏主罢黜、治罪和斩杀，处境之凶险，处事之谨慎超乎想象。司马懿可以说是两线作战，不但要对付诸葛亮，还要处心积虑地对付自己人，施展才能的机会远远比不上诸葛亮。诸葛亮几乎垄断了蜀国的大小事务，这样虽算是鞠躬尽瘁，但也是压抑了其他人的才华。

能者多劳无可厚非，但为帅更多地应是调动其他人的积极性，充分利用每个人的力量！蜀国后期人才凋敝和诸葛亮的领导有莫大干系。不注重锻炼和培养人才，关键时拉出来天水一匹夫——姜维，其结果是蜀中无大将，廖化作先锋！司马懿能屈能伸，韬光养晦，不鸣则已，一鸣惊人！关键时候果断出击，效仿曹操挟天子以令诸侯。孙子司马炎逼迫曹奂禅让，灭吴国，自此三国归晋，天下一统，司马氏终于笑在最后，足见其天纵之才！

做事要抓重点，事无巨细，只会身心疲惫，既不利于发挥个人力量，也不利于发挥他人的积极性。

目光放长远，得失会分辨

第四章 敢干不如会干，无谓风险冒不得

鬼谷子想试一试两个徒弟孙膑与庞涓的智力。鬼谷子拿出5个饼，放在桌上，让他们两个人去吃。鬼谷子说：每人一次最多拿2个饼，并且拿的饼全部吃完后才能再拿。鬼谷子说完后，庞涓就急切地拿了2个饼，而孙膑从容地拿1个饼吃起来。庞涓未吃完两个饼，孙膑已经吃完了1个饼，孙膑第二次拿了2个饼，此时桌上已经没有饼了。最后，孙膑吃了3个饼，而庞涓吃了2个饼。

其实，庞涓与孙膑的区别，是短期利益与长期利益的不同。假设庞涓能看得长远一些，那么吃掉3个饼的必定是他。很不幸的是，目光短浅的庞涓一开始拿了2个饼，固然开始占了便宜，但是最终吃了大亏。假如庞涓拿了1个饼之后，孙膑如果拿2个饼，必定成为输家，因为剩下的2个饼将被庞涓拿走。

由此来看，平时交往处事要豁达大度、胸怀宽阔，要目光长远，切莫斤斤计较。

堤康次郎是日本商界的一代枭雄，经过几十年的苦心经营，建立起了庞大的西武企业集团。在临终之际，他把接班人的重担交给了二儿子堤义明，引起了他的长子堤清二的强烈不满。堤清二是相当精明能干的，他曾成功地把西武百货公司从倒闭的边缘挽救回来，因此人们普遍认为他才是最理想的接班人。但最终的结局是他只继承了西武百货公司，而庞大的家族企业却全部落到了堤义明的手里。

堤清二咽不下这口气，决心下大力气经营西武百货。他向银行大举借贷，进行大规模的扩张，试图以这种方式向世人证明，父亲的临终选择是极其错误的。堤义明却牢牢记住父亲的临终教诲，一步一脚印地稳步发展。堤清二咄咄逼人的攻势让他感到十分不安，他看到这种扩张所带来的极大市场风险。更可怕的是，如果任其发展下去，必将拖累整个家族企业，使父亲创下的庞大基业面临毁灭的危险。

经过慎重考虑，他作出了一个重大决定，采用大规模的分家行动，把西武百货公司、西武化学公司合并成西武流通集团，交给哥哥堤清二经营，再把剩下的企业合并成西武铁道集团，统归自己管理。这样一来，庞大的西武集团就化整为零了，即使堤清二的西武流通集团出现难以预料的危险，也不至于危机整个家族企业，可以使自己更有效地保存实力。另一方面，将哥哥的企业分离出去，还可以避免哥哥在集团内部对自己进行排挤，使自己的行动受到不必要的干预。堤义明的这一决断是十分英明的。仅仅过了一年，严酷的打击降临到了堤清二的身上，国际经济陷入了极其严重的萧条，堤清二使出浑身解数，但还是无济于事。

这时堤义明果断出手，从自己的西武铁道集团中拨出一笔相当惊人的巨款，把堤清二从困境中挽救了出来。兄弟二人重归于好，西武集团又合二为一，共谋发展大计。

西武企业集团在堤义明的正确决策下，又得到了很大的发展，父亲开创的事业在他的手里，进一步发扬光大，他也一度占据了世界首富的宝座，成为市场上的风云人物。站在更高的角度来看待事业发展和人际关系，豁达大度地对待每一个人和每件事，那么在开创事业的过程中，你就会得到更多的欢乐，取得更快的突破。

在以色列，一位行为学家在年轻的乞丐中搞了一次施舍活动，施舍物有3种：400新谢克尔（约100美元）、一套西装和一盆以色列蒲公英。施舍过程中，行为学家搞了一个统计，统计结果是：近90%的乞丐要了400新谢克尔，近10%的乞丐要了西装，只有很少的乞丐要了蒲公英。

10年后，这位行为学家对当初参加施舍活动的乞丐进行了跟踪调查，调查结果为：要新谢克尔的乞丐，至今基本仍为乞丐；要西装的乞丐，大部分成了蓝领了或白领；要蒲公英的乞丐，全部成了富翁。针对令众人迷惑的结果，行为学家作出了如下解释：要新谢克尔的乞丐，在拿钱时，心里想到的是收获这种只想收获，不想付出的人，只能永远是乞丐。要西装的乞丐，在拿西装时，心中想到的是改变。他们认为，只要改变一下自己，哪怕是稍为改变一下自己的形象，就有可能改变自己的一生。他们正是通过这种不断的改变，使自己由乞丐变成了蓝领或白领。

要蒲公英的乞丐，在拿蒲公英时，心中想到的是机遇。他们知道，这种蒲公英不是一般的蒲公英，它原产于地中海东部的沙漠中。它不是按季节舒展自己的生命。如果没有雨，它们一生一世都不会开花；但是，只要有一场小雨，不论这场雨多么小，也不论在什么时候落下，它们都会抓住这难得的机遇，迅速推出自己的花朵，并在雨水蒸发之前，做完受粉、结子、传播等所有的事情。以色列人常把它送给拥有智慧的穷人。他们认为，这个世界上，穷人和沙漠里的蒲公英一样，发展自己的机会极少；但只要拥有蒲公英一样的品格，在机会来临之际，果断地抓住，同样会成为了不起的人。

在职场中，往往有很多表面上看起来是吃亏的事情，比如工作的调动、环境的变迁等等。面对这些事情，我们应该做到泰然处之，"小不忍则乱大谋"，心胸开阔，目光放远一些，看到事情对自己的长远发展的有利面，而不去做匹夫之勇。

将目光放长远一点。目光长远才能懂得坚持；目光长远才能懂得放弃；目光长远才能让你看透纷乱的表象，而专注于事物的本质；目光长远才能让你心平气和，而不是惶惶然不知所措。

要学会转弯

当年，克里斯朵夫·李维，以主演美国大片《超人》而蜚声国际影坛。然而，1995年5月，正当他在好莱坞红极一时、风光无限之时，一场飞来的横祸改变了他的人生。原来，在一场激烈的马术比赛中，他意外坠落马下，顿时眼前一片黑暗。几乎是转眼之间，这位世人心目中的"超人"和"硬汉"形象化身的他，就从此成了一个永远只能固定在轮椅上的高位截瘫者。当他从昏迷中苏醒过来，对家人说出的第一句话就是："让我早日解脱吧。"出院后，为了让他散散心，平息他肉体和精神的伤痛，家人推着轮椅上的他外出旅行。

有一次，小车正穿行在落基山脉蜿蜒曲折的盘山公路上。克里斯朵夫·李维静静地望着窗外，发现每当车子即将行驶到无路的关头，路边都会出现一块交通指示牌，"前方转弯"或"注意！急转弯"的警示文字赫然在目。而拐过每一道弯之后，前方照例又是一片柳暗花明、豁然开朗。山路弯弯，峰回路转，"前方转弯"几个大字一次次地冲击着他的眼球，也渐渐叩开了他的心扉：原来，不是路已到了尽头，而是该转弯了。他恍然大悟，冲着妻子大喊一声："我要回去，我还有路要走。"

从此，他以轮椅代步，当起了导演。他首席执导的影片就荣获了金球奖。他还用牙关紧咬着笔，开始了艰难的写作。他的第一部书《依然是我》一问世，就进入了畅销书的排行榜。与此同时，他创立了一所瘫痪病人教育资源中心，并当选为全身瘫痪协会理事长。他还四处奔走，举办演讲会，为残障人的福利事业筹募善款，成了一个著名的社会活动家。

美国《时代周刊》以《十年来，他依然是超人》为题报道了克里斯朵夫·李维的事迹。在这篇文章中，他回顾自己的心路历程时说："以前，我一直以为自己只能做一位演员，没想到今生我还能做导演、当作家，并成了一名慈善大使。原来，不幸降临的时候，并不是路已到了尽头，而是在提醒你：你该转弯了。""超人"克里斯朵夫虽然已离开了我们，但他良好的心态，绝不向命运屈服的坚毅和顽强，使我们会永远地记住他的名字。

上帝在关上一扇窗时，必定会打开另一扇窗。克里斯朵夫·李维遭遇了人生中重大的打击，但是他学会了转弯，最终取得了成功。身处绝境时，我们不妨转弯，意想不到的成功有可能会到来。

做事要动脑筋

如果研究那些成大事的人，我们会发现他们身上存在着一些共同的特点。肯动脑筋就是其中一项。动脑筋，对每个人都不陌生，但是却并非每个人都愿意凡事去动一番脑筋。成功的人之所以能够取得成功，与他们遇事喜欢动手又动脑有很大关系；而懒惰平庸的人则往往不是这样，他们不愿动脑，结果就被这种坏习惯制约着，以致阻碍了自己的发展。

动脑筋对于做事的重要性是不言而喻的。可以这样说，任何一个有意义的构想和计划都出自勤动脑、勤思考，而且思考得越深刻，收益就会越大。

一个不善于动脑筋的人，会遇到许多取舍不定的问题；相反，一个勤于动脑筋的人就会知道在什么时候该采取什么样的行动。

唐僧师徒四人取经途中经过一片森林，烈日当空，唐僧感到口渴难耐，就让八戒去不久前曾跨过的一条小溪里取一些水回来。八戒回头去找那条小溪，但小溪实在太小了，再加上有一些车子经过，溪水被弄得很污浊，水不能喝了。于是八戒返回来告诉唐僧小溪的水很脏不能喝了，不过他知道前面有一条河离这儿不远，可以继续向前走，一直走到那里去弄些水喝。

唐僧不同意，非得让八戒再回到刚才那条小溪去取水。八戒表面遵从，但内心并不服气。他认为水那么脏，师父老拿他开玩笑。

当八戒再次来到那条溪流旁时，溪水就像它原来那么清澈、纯净了，泥沙已经流走了。八戒笑了，提着水跳着回到唐僧的身旁。这时，唐僧对八戒说，"师父让你再去刚才的那条小溪取水，就是要告诉你遇事要勤动脑筋，世间没有什么东西是永恒的，只需要你有耐心"。

世间万物皆流，一切都会改变，没有哪一件事是永恒的。如果不善于动脑筋，是不可能知晓这样的道理的。而且，也只有善于思考，才能真正地做到自己拯救自己。

美国著名行为学家皮鲁克斯在《拯救自己从思考开始》一书中写道："依靠别人的赐予，是无济于事的；只有自己开动脑筋，才能拯救自己的行为。因为，从某种意义上说，脑力决定一个人的命运。"

只有善于动脑筋，做事才能计划周全；只有善于动脑筋，做事才能懂得取舍；只有善于动脑筋，思想才会越深刻；只有善于动脑筋，才能获得成功。

第五章
懂得适时退让,趋利避害保实力

> 退让不是示弱,而是保存实力,以退为进,也是竞争的一种方略。想要成就一番大事业,就要经历众多磨难,能屈能伸,能退能让,百折不挠才能冲破人生路上的阻碍。

身处弱势，要忍

第五章 懂得适时退让，趋利避害保实力

忍耐是一种本领，特别是当你处于弱势的时候。在现实生活中，有些性情中人，往往任由自己的性情去做事，其结果常常是害了自己。

当你处于一种弱势的时候，要学会一种"忍"的本领。小不忍则乱大谋。人活于世，若能"率性而为"，那人生就没什么可遗憾的了。问题是，你不是天地间唯一的存在，不是你想做什么就可以做什么，而别人也不可能为了你而存在，对你一切都言听计从。人的一生中，总会遇到许多人际关系和事业上的不如意，这些不如意需要以智慧和耐心去应对，而不是靠你一时的好恶和脾气能解决的。

如果你看不惯老板的苛刻，就说"老子不干了"，并不能解决问题。苛刻的老板很多，你在别的地方也会碰到，而提出辞职，又有谁会在乎呢？如果你嫌工作辛苦，就任性地放弃，那么你放弃的可能是一个绝佳的机会。当然，也没有人在乎你的放弃，因为那是"你自己的事"！如果某人激怒了你，你就拿起刀子，那么，你坐了牢，毁了一生，倒霉的是你，伤心的是家人，别人是一点也不在乎的。久而久之，你就会养成一种放纵自己情绪的习惯，遇到问题就由着性子去做，也许有时候你真的解决了问题，但也可能为你自己的将来埋下了祸根。因为你可能得罪了很多人，即使他们当时不说，日后还是会伺机报复的。这样长久下去，你的事业和人际关系就会越来越差。你一旦给人留下"不能控制情绪"的印象，那就真的难以翻身了。那些落魄的、自我毁灭的人，多半是一些性情中人。这一点，只要我们多加观察就可明白。

所以，无论在事业上还是人际关系上，遇到不如意时，请别说"只要我喜欢，有什么不可以"，而是应该忍耐，掂量轻重，然后再作出决定。

审视一下你自己，如果你的性情不好，那就要试着改变它，切不可任由自己的坏性情随意而为。一个人不可能在任何时间、任何场合下都事事如意，有些事情可能没法很快解决，有些事情怎么也无法解决，所以你只能忍耐。俗话说，"小不忍则乱大谋"。动辄发脾气虽然可以缓解一时的心理压力，但从长远来看，只会断送自己的前程，失去长远利益。

当然，我们每个人遇到的情况都不一样，因此什么事该忍，什么事不该忍，并没有绝对的标准。但在一种情形下，你必须忍——当你的形势比人弱时。所谓形势比人弱，是指客观环境对你不利，如在公司里受到上司的羞辱、排挤；对目前工作环境不满意，可是又没有更好的工作机会；自己好不容易做个小生意，却受到某些部门的刁难；想创业，却不够资本。

当你处于弱势时，就很难有施展自己的空间。有些人遇到这种情形，往往怒火中烧，由着自己的情绪行事。被人羞辱了，干脆就和他们干一架；被老板骂了，干脆就拍他桌子，砸他东西，然后自行开路。不敢说这么做就必定会毁了你的一生，但没有忍性，绝对会给你的事业造成负面的影响。不能忍的人中，"因祸得福"者并不多，大部分人都不甚如意，总是到了中年才会感叹地说："那时真是年轻气盛啊！"不能忍的人走到哪里都不能忍气、忍苦、忍怨、忍骂，而总是要发作，要抗拒。所以常常形势还没好转，他就垮了。因此，当你身处困境、碰到难题时，想想你的重大目标吧！为了伟大目标，一切都可以忍，千万别为赌一时之气而丢掉长远目标。

人在一生中会遇到很多问题，你能忍一忍，并学会控制自己的情绪和心态，以后即使碰到大的问题，自然也能等到最好的时机再把问题解决！当然，我们要把能忍之人与人们平常所说的"窝囊废"区分开来。

千万不要去做后者。人要学会忍耐，也要有一身正气。碰到不公正之事时，要据理力争，以正压邪，而不能丧失一个人的人格。换句话说，忍也要看忍的对象、范围和忍的程度。大事忍，小事也忍，无理时忍，有理时也忍，这就真是个"窝囊废"了。

从现在开始，好好练习你的"忍术"吧，因为你还有更长的路要走，有更大的目标等着你去实现。

忍让是人生中必不可少的一种智慧。忍让既是一种涵养，也是一种美德。只有忍让，才能与人为善，化解各种矛盾。

以屈求伸保实力

　　以屈求伸，常是有远大志向者所为。忍辱负重，全靠精神支撑，对这样的成功者，是不能用运气来解释的。

　　邓绥是东汉和帝刘肇的皇后。她自幼性格柔顺，甘愿委屈自己以宽慰他人。在邓绥5岁的时候，有一次，祖母为她剪发，由于老眼昏花，不小心将邓绥的前额碰破。邓绥强忍疼痛，一声不吭。别人问她："你这样做，难道不知疼痛吗？"邓绥答："不是不知疼痛。祖母疼爱我，为我剪发，我若喊痛，就会伤她老人家的心，所以我忍住了。"这件事反映出邓绥屈己慰人的品格。

　　东汉永元七年（95年）邓绥被选入宫，成为和帝的贵人。第二年，另一个贵人阴氏因身为贵戚被立为皇后。从此，邓绥格外谦卑小心，一举一动皆遵法度。对待与自己同等身份的人，邓绥克己复礼；对待官人隶役，邓绥也不摆主子的谱。有一次，邓绥得了病。当时宫禁甚严，外人不能轻易进宫。和帝特别恩准邓绥的母亲兄弟进宫照顾，并且不做时间上的限制。邓绥知道后，便对和帝说："宫廷禁地，对外人限制极严，而让妾亲久留宫内很不合适。人家会说陛下私爱臣妾面不顾宫禁，也会说我受陛下恩宠而不知足。这对陛下和臣妾都没好处，我真的不愿您这样做。"和帝听后非常感动，说："别的贵人都以家人多次进宫为荣，只有邓贵人以此为忧，这种委屈自己的做法是别人比不了的。"从此对邓绥更加宠爱了。

邓绥得到和帝越来越多的宠爱，不但没有骄傲，反而更加谦卑。她知道皇后阴氏的脾气，也隐隐约约感到阴氏对她的嫉恨，所以对阴氏更加谦恭。每次皇帝举行宴会，别的嫔妃贵人都竞相打扮，金簪耀目，玉珥放光，环珮叮咚，服装艳丽；只有邓绥独穿素服，丝毫没有装饰。当她发现自己所穿衣服的颜色与阴氏相同时，就立即进行更换。若与阴氏同时进见，她也从不敢正坐。和帝每次提问，邓绥总是让阴氏先说，从不抢她的话头。邓绥以自己的谦恭，进一步赢得了和帝的好感，也反衬出皇后阴氏的傲横。

看着邓绥的地位一天比一天高，自己一天天失宠，阴氏十分恼怒。永元十四年（102年），阴氏与人制造巫蛊之术，企图置邓绥于死地。不料阴谋败露，阴氏被幽禁，后忧愤而死。阴氏死后，和帝有意立邓绥为皇后。邓绥知道后，自称有病，深处宫中不露，以示辞让。这下反而坚定了和帝立后的决心，他说："皇后之尊，与朕同体，上承宗庙，下为天下之母，只有邓贵人这样的有德之人才可承当。"永元十四年（102年）冬，邓绥终于被立为皇后。

道家讲究以柔克刚，兵家讲究以退为进，邓绥不一定讲得出这种道理，但她的立身哲学是成功的。阴氏骄横，邓氏谦恭；阴氏咄咄逼人，邓氏步步退让。结果是骄横者失宠，谦恭者获荣；逼人者忧愤而死，退让者反登后位。成败之间，可以看出立身哲学的智慧。

评语

邓绥最终被立为皇后，与她忍辱负重，以屈求伸有关。以屈求伸的处世法则，是许多人成功的法宝。身处逆境时，更需要这种方法。

丢卒保车懂退让

有所得必有所失,有时为了全局利益,不得不舍弃一些局部利益,正如在下围棋或下象棋时所用的一招:弃子。

汉高祖刘邦死后,惠帝刘盈于公元前194年继承皇位。刘盈的同父异母哥哥刘肥此前已受封为齐王。惠帝二年,刘肥进京来朝见刘盈,刘盈则以兄长礼节在吕太后面前设宴招待刘肥,并以一家的长幼之序让刘肥坐在上座的位置上。吕太后见后非常不高兴,暗中派人在酒中投了毒药,并令刘肥为自己祝寿,企图杀了刘肥。不料,不明真相的惠帝刘盈也一同拿着斟满了酒的杯子,起身为吕太后祝福。吕太后非常着急,赶忙拉着惠帝的酒杯把酒泼在地上。刘肥在一旁感到很奇怪,因而也不敢喝那杯酒,假装自己已经喝醉了离席而去。后来他得知那果然是毒酒,心里极为恐慌,担心自己很难活着离开长安。

这时,与他随行的一个内史为他出了一个脱险的计谋。内史对齐王说:"吕太后只有惠帝这么一个儿子和鲁元公主这个亲女儿。如今您作为齐国的诸侯王,拥有大小七十多座城池,而鲁元公主仅只享有几座城的食俸。您如果献上一座郡城给吕太后,作为赠给公主的汤沐邑,太后一定会转怒为喜,那您就不必担心了。"刘肥采用了这个计谋,马上派人告诉吕太后,他想把自己的城阳郡送给公主,并尊公主为王太后。吕太后得知后,果然非常高兴地应允了,并在齐国驻京城的官邸里置酒款待了齐王一行。齐王也因此安全地回到了齐国。刘肥关键时刻弃城保命,当然是值得的。

唐延和元年（712年），唐睿宗让位给李隆基，李隆基即位，是为玄宗。当时太平公主密谋夺取政权，宰相崔湜等又依附于太平公主。于是尚书右仆射、同中书门下三品、监修国史刘幽求与右羽林军将军张暐请求派羽林军诛杀太平公主及其党羽。

刘幽求令张暐奏玄宗说："宰相中有崔湜、岑羲，都是太平公主引荐的，他们整天图谋不轨，假如不及早预防，一旦发生变故，太上皇怎么能放心呢？古人说：'当断不断，反受其乱。'请陛下迅速诛杀他们。刘幽求已与我制定了计谋，只要陛下一声令下，我就率领禁兵，一举将他们剪除。"唐玄宗认为刘、张二人说得对。可是张暐不小心泄露了他们的密谋，引起了太平公主的疑心。唐玄宗极为害怕，马上采取主动，公布了张、刘二人的罪行，将刘幽求流放到封州（今广东封川县），张暐流放到丰州（今内蒙古杭锦后旗西北）。

一年多以后，太平公主及其党羽被诛。唐玄宗为奖赏刘幽求首谋之功，马上任命他为尚书左仆射，封徐国公。唐玄宗将张、刘二人治罪，只是一种丢卒保车的策略，事后还可将他们提升。

当断不断，反受其乱。事情紧急的时候，丢卒保车，舍弃局部利益，以保整个大局，是明智之举；如果优柔寡断，损失将会更大。

第五章 懂得适时退让，趋利避害保实力

保存实力，抽身退让

高手相搏，不管对方实力强弱，都不会忘记保留实力。假如一个拳击手孤注一掷地出重拳，一旦打空，就只有挨打。要为自己留有余地，一击必中的事毕竟不常有。如果仔细分析古今中外的战史，你将会发现，善战者不管己方实力如何，敌方底气如何，交战之前，大多会为万一战败之后的撤退预留退路。这并非是对胜利没有信心，或长敌人威风，而是保留实力应有的谋略。胜败乃兵家常事，唯有懂得进退，才是大智。

据说有一年，香港政府财政拮据，又羞于贷款，便想出了一个办法：把中环海边康乐大厦所在的那块土地进行拍卖。这块土地面积大，属于黄金地段，是非常有利可图的地方。消息传出后，有资产的人纷纷披挂上阵，连远在港外的富商们也都赶来参加投标。一时间，香港码头机场人满为患，饭店老板个个眉开眼笑。

不过觊觎者虽多，有资格的就那么几个，真正打这块地皮主意的，在香港只有李嘉诚的长江实业有限公司和英国的渣达银行。香港政府为了不让港外人士购地，有意让这两家中的一个获胜，便采取了暗中投标的方式。谁也不知道别人所投价格为多少，人人都觉得眼神往自己这儿看过来，可是人人又觉得全不是这么回事。

李嘉诚内心有打算，地皮虽好，也有个底线，否则买回来也是亏本，而渣达银行必然拼命抬价，以扳回前几次败北丢的面子。李嘉诚报上28亿港元。那渣达银行认为李嘉诚必定拼命抬价，于是豁出了老本，报出

42亿元的价格。结果当然是渣达银行获胜。正当银行上下举杯欢庆时，打听消息的探子回来报告说，李嘉诚的报价比他们少14亿，顿时一个个脸色变得死灰，总裁的酒杯也吓得掉在地上摔得粉碎，连连说，英国绅士上了中国商人的大当。

李嘉诚精打细算，忍住了黄金地段的巨大诱惑，果断地抽身而退，把烫手的山芋甩给了渣达银行。如果忍不住，把自家老底全力押上，有可能落个"失败"地占上风，又有何价值？他没有明显地退一步后又跟上两步，而是一退躲过陷阱，正是运用了拳击中的低头躲闪术。在生意场上，此方法通用无阻。当你遭到对方新产品上市的攻击时，如果对方实力比较强大，问题不能正面解决时，则可以采取迂回的战略，先退一步，再寻求解决方法，最终击败你的对手。企业经营也要采用这个策略。

一家经营妥当、业务量直线上升的企业，在面临无法预知的未来时，最好的策略就是"以退为进，转攻为守"。比方说，因受国际经济不景气的影响，百业萧条，再加上市面通货膨胀，许多企业纷纷宣告倒闭，在对未来没有乐观的看法时，就不能用历年来的高增长率来预估明年，而应注意稳扎稳打，暂且收敛激进的锐气，时刻思考"假如……则……"，"万一……那么……"。能够如此，你的企业才会做大做久。

任何一个公司的运营都不可能永保顺畅，都会有受阻的一天，因此一定要给自己留下重新爬起的机会。准备全力出击时先忍一忍，想想你的退路在哪里，否则很容易被别人断了退路。

李嘉诚冷静分析，保存实力，抽身退让，最终击败对手，在此得到了充分体现。善于取舍。往往可以避免更大的损失。

退一步海阔天空

在日常生活中，当自己的利益和别人的利益发生冲突，友谊和利益不可兼得时，首先要考虑舍利取义，宁愿自己吃点亏。

一位住在山中的禅师，有一天趁夜色到林中散步。当散步归来时，他发现自己的茅屋遭小偷光顾。找不到任何财物的小偷离开的时候在门口遇见了禅师。原来，禅师怕惊动小偷，一直站在门口等待。他知道小偷肯定找不到任何值钱的东西，早就把自己的外衣脱掉拿在手上。小偷遇见禅师，正感到惊愕的时候，禅师说："你走老远的山路来看我，总不能让你空手而归呀！夜凉了，你带着这件衣服走吧！"说着，就把衣服披到小偷身上。小偷不知所措，低着头溜走了。

禅师看着小偷的背影穿过明亮的月光，消失在山林之中，不禁感慨地说："可怜的人呀！但愿我能送一轮明月给他。"说完之后，就看着窗外的明月，开始打坐。第二天，看到他披在小偷身上的外衣被整齐地叠好，放在门口，禅师十分高兴，喃喃地说："我终于送了他一轮明月！"

林则徐有句名言："海纳百川，有容乃大。"与人相处，有一分退让，就受一分益；吃一分亏，就积一分福。相反，存一分骄傲，就多一分挫辱；占一分便宜，就招一次灾祸。

1863年1月8日，恩格斯怀着十分悲痛的心情，把妻子病逝的消息，写信告诉了马克思。过了两天，他收到了马克思的回信。信中的开头写道："关于玛丽的噩耗使我感到意外，也极为震惊。"接着，笔锋一转，就说自己陷于怎样的困境。往后，也没有什么安慰的话。

"太不像话了！这么冷冰冰的态度，哪像20年的老朋友！"恩格斯看完信，越想越生气。过了几天，他给马克思去了一封信，发了一通火，最后干脆写上："那就请便吧！"看了恩格斯的信，马克思的心里像压了一块大石头那样沉重。他感到自己写那封信是个大错，而现在又不是马上能解释得清楚的时候。过了10天，他想老朋友应该"冷静"一些了，就写信认了错，解释了情况，表白了自己的心情。坦率和真诚，使友谊的裂痕弥合了，疙瘩解开了。恩格斯在接到马克思的来信后，以欢快的心情立即回了信。他在信中说："你最近的这封信已经把前一封信所留下的印象清除了，而且我感到高兴的是，我没有在失去玛丽的同时再失去自己最老的和最好的朋友。"

"退己而让人，约束自己而丰厚他人，所以群众乐于被用，而所得是平时的几倍。……谦逊辞让，作为德的首位。"一个人有成就时，能让功于他人，就能让人感恩。老子说："事业成功了而不能居功。"不仅让功要这样，也要让善，让得。凡是坏处就归于自己，好处都归于他人。他人得到名，我得他这个人；他人得到利，我得到他这个心。二者之间，真正的聪慧者自会权衡其轻重。

曾国藩说："敬以持躬，让以待。敬就要小心翼翼，事情不分大小，都不敢忽视。让，就要什么事都留有余地，有功不独居，有错不推诿。念念不忘这两句话，就能长期履行大任，福祉无量。"

有人说："自谦，人们就越服从；自夸，人们就越怀疑。我恭敬就可以平人的怒气，我贪婪就可以引发人们的争端，这都是在于我的为人而已。"现实生活中，人们之间的相处，最高的准则，就是儒家所提倡的，"一切在于求取最完美最高尚的道德"。能有所追求，一方面在心中有所持守，另一方面在执行时有所遵循，这就是准则，也有人称为规范。我们如果以宽容的心境和幽默的态度对待他人有意或无意施加的羞辱和难堪，就可以从消极的情绪中解脱出来。

孔子周游列国时，有一次在郑国与弟子们失散了，他只好独自站在东门等候。一个郑国人对孔子的弟子子贡说:"东门有个人,长得奇形怪状,累得好像丧家之犬。"子贡把这句话告诉了自己的老师。孔子坦然笑道:"说我像丧家之犬,确实是这样,是这样的啊!"作为一代宗师的孔子居然能在学生面前对这种污辱性的语言一笑了之,表现出了万事师表的气度。

俗话说得好,"退一步海阔天空"。做事懂得退让,懂得与人为善,以宽容的心境去面对,就能从消极的情绪中解脱出来,既避免了事情恶性发展,又表现了大家之气度。

把握好胜心，懂得忍让

无"度"不丈夫——人们常将一句古谚写成"无毒不丈夫"，其实原话是"量小非君子，无度不丈夫"，这才是它的本来面目。在这里，"量"和"度"都是指人的心胸、气量、气度，心胸宽阔，朋友相处才能长久。交友，要严于律己，宽以待人。严于律己，就是要严格约束自己，做事尽量减少差错；宽以待人，便是对人要宽厚忍让、和气大度。

苏东坡年轻的时候有一个朋友，叫章敦，后来做上了宰相，执掌大权。章敦把持朝政的时候，先是把苏东坡发配至岭南，后又把苏东坡贬至海南。后来，在苏东坡遇赦北归的时候，恰好章敦垮台被放逐到岭南的雷州半岛。听到这个消息，苏东坡就给章敦写了封信，说："听到这个消息，我很惊叹，这么大年纪还得浪迹天涯，心情可想而知，好在雷州一带虽偏远，但无瘴气。"而且，苏东坡还安慰章敦的老母亲，并对他儿子说过去的就别提了，多想想将来。可想而知，苏东坡如此大度，章敦自是羞愧不已，一家人都对东坡心存感激。苏东坡的胸怀比一般人宽广，对一个几乎将自己置于死地的人，在看到他落难的时候，还不忘尽一点儿朋友之责，实在是难能可贵。

一个人不仅要胸怀宽广，度量恢弘，更要注意朋友的自尊。一个人如果损失了金钱，还可以再赚回来；一旦自尊心受到伤害，就不那么容易弥补了。

朋友的自尊是伤害不得的。现在的人，越来越强调个性，好胜心极强，常常把事做绝，表明自己的正确或胜利才罢手，也因此会伤及感情。在一些小事小节上，你大可让朋友赢上一场，高兴一下。要想重视友人的自尊心，必须先抑制自己的好胜心。不过，胡吹海侃，旁若无人地使自己出尽风头，一味地过把瘾，不仅得不到友情，还会伤了友人的自尊心。

万事让人先，自己甘愿当配角。一个领导如果能做到这一点，他的部下将会努力地工作，甘愿献出一切。如果你持无所谓的态度，即使他们与你合作，也可能心猿意马，把事情搞糟。

刘备邀请诸葛亮出山时，听人说诸葛亮"每常自比管仲、乐毅"，当时的名士司马徽则赞之为"可比兴周八百年之姜子牙，旺汉四百年之张子房"。这样，刘备心中有了底。一顾茅庐，诸葛亮避而不见，张飞耍脾气："量一村夫何必兄长自去，可使人唤来便了。"刘备二顾茅庐，诸葛亮又避而不见，连一直极为持重老成的关羽也耐不住了。可刘备留下一书，以表诚意。三顾茅庐，诸葛亮故意仰卧草堂迟迟不起，让刘备等三人拱立阶下几个时辰，最后才欣然出山，"定三分隆中决策"，开创"两朝开济老臣心"的伟业。

刘备的"诚心"终于感动了诸葛亮，可谓"精诚所至，金石为开"。人都需要被尊重，特别是一些已经有了较高社会地位、有所建树的能人学者。往往自然或不自然地表现出一些清高或傲气。但是为了事业，为了有所成就，与他们交往时，必须礼让三分。一旦你的诚心感动了他们，他们会加倍地信赖你，也会用各种形式来报答你。不要说你有什么小困难，就是天塌下来，他们也会同你一起顶。社交场合，我们习惯一一介绍来宾，这时你恰当地把他们的优点介绍一下，他们一定会从心里感激你。工作有所成绩时，你先说这项工作是谁先提议的，再说谁在工作中有过特别贡献。如果你能把每个人的贡献都记在心里，时常挂在嘴边，大家也会认为你是一个值得信赖的朋友。会议上，沙龙里，共事时，你都把朋友放在受到大家关注的位置，这样做符合人人需要尊重的本性，别人也会在心中有了你宽厚的形象。

在熟悉的朋友中，还要敢于承认自己的弱点，同时说这件事某某人是有特别研究的，这是突出对方的一种方法。不要以为这样会降低自己的身份。其实，人人都有不懂、不会的方面，你此刻借暴露自己的短处抬高对方，不但不会损害你的形象，而且会为朋友增加一个大显身手的机会。

要照顾别人的感受。在日常交谈中需要表现自我的时候，务必要有一种谦谦君子的心态，学会安抚他人的心灵——也就是说，不可以使对方产生相形见绌的感觉。

一位女士的宝贝女儿，从剑桥大学毕业回国之后，在特区一家金融机构供职，每月数万港元薪水。作为宝贝女儿的母亲当然相当自豪，她面对亲朋好友时，言必称女儿的风光，语必道女儿的薪俸。偶然被女儿发觉后，极力制止母亲，不要因此伤害了他人。女儿的话在情在理。在述说自我时，要防止过分突出自己，勿使别人心理失衡，产生不快，以致影响了相互的关系。

有两位要好的女友，甲漂亮，乙一般。她们一起去参加舞会，舞场上的许多男士频频与甲共舞，却在不知不觉中冷落了乙。甲下意识地感觉不妥，于是托词身体不适，奉劝朋友们邀请乙。男士们听从了奉告，乙被男士们带入了舞池。乙的快乐是不言而喻的。甲以友情为重，不想女友被忽视，于是机智地采取一种平衡的手段，使乙的心灵得到抚慰，这必定会使她们的友谊更加深一层。

英格丽·褒曼在获两届奥斯卡最佳女主角奖后，又因在《东方快车谋杀案》中的精湛演技获得最佳女配角奖。然而，她领奖时，一再称赞与她角逐最佳女配角奖的弗伦汀娜·克蒂斯，认为真正获奖者应该是这位落选者，并十分由衷地说："原谅我，弗伦汀娜，我事先并没有打算获奖。"褒曼作为获奖者，她没有喋喋不休地叙述自己的成就与辉煌，而是对自己的对手推崇备至，尤其是那一句恳请式的原谅语，真诚地安慰了对方，极力维护了落选对手的面子。无论谁是这位对手，都会十分感激褒曼，会认定她是倾心的朋友。一个人在获得荣誉的同时，如此善待合作或竞争的伙伴，与伙伴如此贴心，着实令人敬佩。

　　每个人都想被人认可，被评价得高一点。明知不可谈得意之事，但却情不自禁地想谈，这是人性中的弱点。所以，绝对不谈得意之事当然不可能。但同样是谈得意之事，不妨注意一下谈的方式。至少在别人未谈得意之事之前，自己也不要谈。也就是说，单方面地谈得意之事不妥，所以先让对方发表意见之后，那种坏印象也就淡薄了。聪明的人总是先煽动对方："你的见闻广博。"促使对方发表得意之事，然后若无其事地说："我也知道这样的事。"如此这般，穿插自己的得意之事。

　　这些故事告诉我们，为了维护良好的人际关系，你的一言一行都要为对方的感受着想，学会安抚对方的心灵，不可以使对方产生相形见绌的感觉。

忍心头傲气，获无限收益

人生之路漫长而曲折，充满荆棘和坎坷，聪明的人善于韬光养晦，以退为进，化直为曲。特别是风华正茂的年轻人，切不可恃才自傲，锋芒毕露，否则会处处碰壁。

有很多风华正茂的年轻人，恃才傲物，不会"忍"，结果往往被碰得焦头烂额。忍，就是要明白：世界上并没有一条笔直的路，要善于韬光养晦，以退为进，化直为曲。只有这样，才能取得最后的成功。有句谚语说："谁笑在最后，才笑得最好。"说的正是这个意思。

一位留美计算机博士学成后在美国找工作，有个博士头衔，求职的标准当然不能低。结果他连连碰壁，好多家公司都没录用他。想来想去，他决定收起所有的学位证明，以一种最低的身份，前去求职。不久他就被一家公司录用为程序输入员。这对他来说就像是高射炮打蚊子，但他仍然干得认认真真，一点儿也不马虎。不久老板发现他能看出程序中的错误，不是一般的程序输入员可比的。这时他才亮出了学士证。老板给他换了个与大学毕业生相称的工作。过了一段时间，老板发现他时常提出一些独到的有价值的建议，远比一般大学生要强。这时他亮出了硕士证书，老板又提升了他。

再过一段时间，老板觉得他与别人还是不一样，就质问他。此时他才拿出了博士证。这时老板对他的水平已有了全面的认识，毫不犹豫地重用了他。这位博士最后的职位，也就是他最初理想的目标，当初直线

第五章 懂得适时退让，趋利避害保实力

进取失败了，后退一步曲线再进时，终于如愿以偿。

这个博士的办法是最聪明的。他先放下身份和架子，甚至让别人看低自己，然后寻找机会全面地展现自己的才华，让别人一次又一次地对他刮目相看。

如果刚一开始就让人觉得你多么了不起，对你寄予了种种厚望，可你随后的表现让人一次又一次地失望，结果只能是被人越来越看不起。这种反差效应值得人们借鉴。人家对你的期望值越高，越容易看出你的平庸，发现你的错误；相反，如果大家本来并不对你抱有厚望，你的成绩就总会容易被发现，甚至让人吃惊。

很多刚走上工作岗位的人，不懂得这种心理，往往希望从一开始就引人注目，夸耀自己的学历、本事、才能。即使别人相信，形成心理定式之后，如果你工作稍有差错或失误，就会被人瞧不起。试想，一个本科生和博士生做出了同样的成绩，大家会更看重谁？大家自然会说本科生了不起。心理定式是难以消除的。所以，刚走上新岗位的人，不应当过早地暴露自己。当你默默无闻的时候，你会因一点成绩一鸣惊人，这就是深藏不露的好处。如果交给你一项工作，你说"我保证能够做好"几乎和说"我不会"一样糟糕，甚至更糟糕。你应当说："让我试试看。"结果你同样做得很好，可得到评价会大不相同。

某高校，一个系里有两个成果颇丰的青年教师，一个爱吹嘘自己的成就，逢人便说又发表了几篇文章，学术成就有多高；另一个几乎总是回避关于这个问题的回答，或者轻描淡写地说不多不怎么样。结果，两个人都抱着一摞杂志到系里申报职称。系里的人对前一个人说："你整天吹嘘自己发表了多少多少文章，按数目早就远远超过这些了，怎么才这么一点儿？看看人家，平日一声不响，谁能想到他会发表这么多文章呢？"尽管两人数量差不多，但最终还是第二个人先晋升了。

俗话说，退一步路更宽。要退，必先学会忍。事实上，退是另一种方式的进。暂时退却，养精蓄锐，以待时机，这样的退后再进则会更快，更好，更有效，更有力。退是为了以后再进。忍住一时的欲望，暂时放弃某些有碍大局的目标，是为了最后实现更大的成功。这退中本身已必然包含了进，这种退更是一种进取的策略。

以退为进，由低到高，这既是自我表现的一种艺术，也是自下而上竞争的一种方略。跳高，离跳高架很近，想一下子就跳过去并不容易；后退几步，再加大冲力，成功的希望可能更大。人生的进退之道就是这样。

适时的功遂身退

老子说:"功遂身退,天之道也。"

一个人登上事业的巅峰时,固然风光十足,大有一览众山小的气概。可是他不知道自己已经身处极危险的境地了。向上,已是无法再高攀;而脚下,却是万丈深渊,稍有不慎,顷刻间就会粉身碎骨。此时,悄然回撤,遇到开阔而安全之处存身,实属明智之举。然而,功名权位这东西实在太诱人了,许多人为之奋斗终生,却仅有极少数人得以遂愿。得来不易,舍弃更难!因此,能做到功遂身退,非大智慧者不能。

春秋时的范蠡是一位才华出众的人,他辅佐越王勾践20年,使越国强大,最后灭掉了吴国。因为他功勋卓著,越王勾践要拜他为上将军。范蠡知道越王心胸狭窄,可以共患难但不能同享富贵,便坚持不受,并悄然离开越国,更名经商,富甲一方。范蠡离开越国时,曾遗书一封给共过事的大夫文种,劝他尽早离开越王,信中说:"飞鸟尽,良弓藏,狡兔死,走狗烹,越王为人长颈鸟喙,可与共患难,不可与共安乐,子何不去!"但文种并没有听从劝告离开越国,而只是称病不朝,以为不管事便可无事。果然,没过多久,越王便听信谗言,找借口逼文种自杀了。

越王可与人共患难,患难之时做其臣子便可身安;但他不能与人共享乐,因此患难之时一过,他的赐官加爵,便是加灾施祸。范蠡审时度势,及时身退,不求一时富贵,也远避了杀身之祸;文种不知,最终虽事业有成却性命不保,到死也只能留下说不出的遗憾。

张良与萧何、韩信并称汉初三杰，却未像萧何那样遭受银铛入狱的凌辱，也未像韩信那样落得兔死狗烹的下场，关键是他在成功时急流勇退，在辉煌时退向平淡。自从汉高祖入主关中，天下初定，张良便托词多病，杜门不出，屏居修炼养身之术，研习黄老之学。汉高祖剖符行封，特意让他自择齐地三万户。张良只选了个万户左右的留县，受封为"留侯"。他曾说道："今以三寸舌为帝者师，封万户，位留侯，此布衣之极，于良足矣。愿弃人间事，欲从赤松子（传说中的仙人）游。"他看到帝业建成后君臣之间"难处"，欲以退让来避免重复历史的悲剧。在西汉皇室的明争暗斗中，他极少参与谋划，堪称功遂身退的典型。

战国时的范雎用远交近攻的谋略辅佐秦昭王，屡建奇功，拜为相国，封应地，号应侯，成为秦昭王最信任的人。后来，他举荐的郑安平和王稽先后叛国通敌，根据秦国法令，举荐者也应治罪。虽然秦昭王考虑到范雎的功劳很大没有治他的罪，但范雎自己心里感到不自在。这时，燕国人蔡泽来到了秦国，求见范雎。蔡泽气宇轩昂，谈吐不同凡响，范雎不得不服。蔡泽对范雎说："人们常说，太阳运行到中天便要偏西，月亮圆满便要亏缺。物盛则衰，这是天地间的自然规律。你现在功劳很大，官位到了顶点，秦王对你的信任也无以复加，正是退隐的好时机。这时退下来，还能保住一生的荣耀，不然的话，必有灾祸。这方面的教训是很多的。想当年，商鞅为秦孝公变法，使秦国无敌于天下。结果却遭到车裂而死的下场。白起率军先攻楚国，后打赵国，长平之战杀敌四十万，最后还是被迫自杀。又如吴起，为楚悼王立法，兵震天下，威服诸侯，后来却被肢解丧命。文种为越王勾践深谋远虑，使越国强盛起来，报了夫差之仇，可是最终还是被越王所杀。"

范雎听后不禁耸然动容。蔡泽稍稍停了一会儿又说："这四个人都是在功成名就的情况下不知道退隐而遭受的祸患。这就是能伸而不能屈，能进而不能退啊！倒是范蠡明白这个道理，能够超脱避世，做了被人称道的陶朱公。我听说，以水为镜，可以看清自己的面容，以他人为镜，可以知道自己的祸福。《逸书》说：'成功之下，不可久处。'你何不在此

第五章 懂得适时退让，趋利避害保实力

时归还相印，让位给贤能的人，自己隐居山林，永保廉洁的名声、应侯的地位，世世代代享受荣耀呢？"蔡泽的话终于说服了范雎。于是，他待蔡泽为上客。过了几天，范雎向秦昭王推荐了蔡泽，说服昭王拜蔡泽为相国，自己托病归还了相印。就这样，范雎急流勇退，全身离开了相位。

陈轸是战国时的游说之士，曾为齐游说楚执政昭阳停止攻齐。他给昭阳讲的便是"持满有术"的道理。楚国派柱国将军昭阳领兵攻打魏国。昭阳在襄陵击败魏军，连克八城，随后又移兵进攻齐国。齐王对此很忧虑。恰好秦国的使者陈轸来到齐国，齐王就问他怎么办。陈轸说："大王不必担心，让我去劝楚军退兵好了。"

陈轸来到楚军军营，对昭阳说："我很想知道楚国的法律对于破敌杀将者如何封赏。"昭阳说："如果官位已经是上柱国了，就封为上爵执珪。"陈轸问："还有比这更尊贵的吗？"昭阳答："只有令尹了。"陈轸说："如今您已经是令尹，属于一国之中的最高官位了。我打个比方，有个人给门客们送了一壶酒，门客们说：'几个人喝一壶酒，不够喝，不如大家在地上画蛇，谁先画好，谁就一个人喝酒。'过了一会，有个门客说：'我先画好蛇了。'他拿起酒，又说：'我可以给蛇画些足。'等他加画好蛇足之后，另一个人已经将酒夺过来喝掉了，并且对他说：'蛇本来就没有足，你给它添上足，就不是蛇了。'如今您已官至令尹，辅佐楚王，进攻魏国，破敌杀将，论功劳谁也比不上您，您的官位高得不可能再提拔了。您竟然又移军进攻齐国，打胜了不可能再升官，打败了却会身败名裂，对楚国也没有好处。这就跟画蛇添足一样。不如早点撤军而去。给齐以德惠，这才是保全名利的'持满之术'啊。"

昭阳认为有道理，就领兵撤退了。

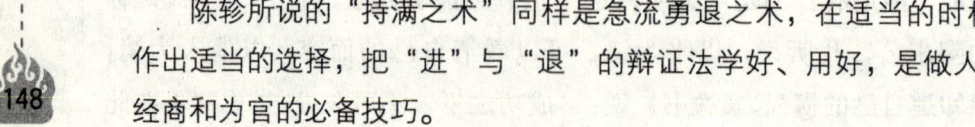

陈轸所说的"持满之术"同样是急流勇退之术，在适当的时机作出适当的选择，把"进"与"退"的辩证法学好、用好，是做人、经商和为官的必备技巧。

能忍则全，能忍则胜

第五章 懂得适时退让，趋利避害保实力

历来成功的从政者都知道"忍"字是传家宝。能忍者方能伺机待时，等到自己有足够的力量与对手抗争时方绝地反击，定能一战而胜。

讲一个"忍"字，是要培养自己刚强的毅力和坚忍的忍耐力。能忍得旁人难以忍受的东西，才能使自己能屈能伸，不断地积蓄力量，增强忍耐力和判断力，这样才能为将来事业的成功积累资本。

宋代苏洵曾经说："一忍可以制百辱，一静可以制百动。"这就是说忍的作用可以抵抗千军万马，可以说是"忍小谋大"的"策略"。诸葛亮对孟获七擒七纵，忍住仇恨，并且是一忍再忍，终于以自己的忍让制伏了叛军，保住整个国家的安宁与和平。

孟获是三国时蜀国南方少数民族的首领，率众起兵反叛，诸葛亮奉命率兵去平叛。当诸葛亮听说孟获不但作战勇敢，而且在南中各个地区的部族人民中很有威望时，就想到如果把他争取过来，会使蜀国有一个安定的大后方。于是，下令对孟获只许活捉，不得伤害。当蜀军和孟获的部队初次交锋时，诸葛亮授意蜀军故意退败，引孟获追赶。孟获仗着人多势众，只顾向前猛冲，结果中了蜀军的埋伏，自己也做了俘虏。当蜀军押着五花大绑的孟获回营时，孟获心知此次必死无疑，便刁钻使横，破口大骂。谁知一进蜀军大营。诸葛亮不但立即让人给他松了绑绳，还陪他参观蜀军营寨，好言劝他归降。孟获野性难驯，不但不服气，反而倨傲无礼，说诸葛亮使诈。诸葛亮毫不气恼，放他回去，二人相约再战……就这样七擒七纵,终于感化了孟获。孟获回去之后,说服各个叛乱部落全部投降,南中地区重新归属蜀汉控制。自此,蜀国的大后方稳定了,南方各族人民也得以休养生息,安居乐业。

常言说,事不过三。一般人忍让一次两次都可以,多了就有些按捺不住。可是诸葛亮却为了自己后方的稳定而对孟获捉了放,放了捉,耐着性子忍下去,并没有因为孟获的行为而放弃。诸葛亮之所以这样做,就是想以德服人,使孟获心悦诚服,下定决心不再叛乱。这样做,能够使自己获得一个稳固安定的后方,使人民免于战乱之苦,同时也能逐渐积蓄力量以对付魏吴的觊觎和侵略。如果诸葛亮对孟获的傲慢无礼和不识时务无法忍耐,抓住之后一刀杀掉,那也就只能出一时之气,反而会激起他族人的敌忾,竞起效尤。那么他就会疲于应付南蜀的叛乱,也就不会再有北伐曹魏、六出祁山的壮举了。所以,怒只能发泄眼前的怨气,忍却能得到长远利益的回报。

老子在《道德经》中说:"曲则全,枉则直,洼则盈,敝则新,少则得,多则惑。"受得住委屈,方能保全自己;经得起冤屈,事理才能得到伸直;低洼反能盈满;凋敝反得新生;取反而多得;贪多反而痴迷。其实在危难中能够保全自己的人,全都懂得这个道理。以退为进,以忍为攻,这才是为政求事的最妙法则。

战国时有一位忍辱负重、奋斗不息的杰出军事家,他一生坎坷不平,甚至连真实姓名都没留下。因其曾遭陷害受到膑刑(砍掉两块膝盖骨的刑罚),史书上称他为孙膑。孙膑少年时便下定决心学习兵法,准备做出一番大事业。成年后,他出外游学,到深山里拜精通兵法和纵横捭阖之术的隐士鬼谷子先生为师,勤奋地学习兵法阵式。鬼谷子把《孙子兵法》教给孙膑,不到三天孙膑便能背诵,并且根据自己的理解阐述了许多精辟独到的见解。鬼谷子为他的奇异的军事才能而兴奋,说:"这一下,大军事家孙武后继有人了!"

孙膑有个同学叫庞涓,对孙膑的才能十分忌妒,但表面上却装作和孙膑很要好,相约以后一旦得志,彼此互不相忘。后来,庞涓先行下山,在魏国做了将军,他派人邀孙膑下山共同辅佐魏王。孙膑到来之后,他先是虚情假意地热烈欢迎,而后委之以客卿的官职,孙膑自然对不忘旧日同窗之情的庞涓感激万分。然而半年之后,庞涓却玩弄阴谋手段,捏造罪名,诬陷孙膑私通齐国,对他施以膑刑,脸上也刺上字,目的在于从精神上折磨孙膑。

孙膑下定决心要报仇雪恨。他摆脱庞涓手下的监视,暗地里潜心研究兵书战策,准备有朝一日逃离虎口。为了蒙骗监视他的人,他甚至装疯卖傻,以粪便为食,与牲畜做伴。不久,齐国使者来到魏国,暗中探访孙膑并把他藏入车中带回齐国。在一次王公贵族的赛马活动中,大将田忌将足智多谋的孙膑推荐给齐威王。在齐威王面前,孙膑畅谈兵法,尽叙平生所学,受到齐威王的赏识,被任命为齐国军师。从此,孙膑开始在战国时代的军事舞台上大显身手。

公元前354年,魏国派庞涓率大军围攻赵国邯郸,企图一举消灭赵国。孙膑与田忌商量,提出"围魏救赵"的作战大计。不但解了邯郸危急,而且在桂陵之战中以逸待劳,大破魏军。此战,魏军几乎全军覆灭,庞涓仅率少数兵士仓皇逃脱。桂陵之战后13年,魏王又派庞涓率兵攻韩。齐王派田忌为大将,孙膑为军师,攻魏救韩。孙膑冷静分析了敌我双方的具体情况,故意做出怯战的样子,减少锅灶表示齐军已大多逃亡,以此来麻痹敌人。魏军果然中计,穷追猛赶。齐军在山高路窄、树多林密的马陵设下埋伏。同时,孙膑还命人把路旁的一棵大树的树皮刮去并写上"庞涓死于此树之下"八个大字,并吩咐士兵说:"夜里发现火光,就一齐放箭!"

天黑之后,庞涓率兵马不停蹄地追到马陵。庞涓但见路上横七竖八地扔着许多木头,便命士兵下马下车,准备开路追击,却忽然看见路边的白色树干上隐隐约约有几个大字。庞涓命人点火观看。于是,埋伏好的齐军乱箭齐发。魏军顿时大乱,四面被围,既无法抵抗,又无路可逃。庞涓眼见败局已定,绝无挽回的余地,只好垂头丧气地拔剑自刎。齐军战役一举歼敌10万,大获全胜。这就是历史上的马陵之战,孙膑从此也名扬天下。

孙膑的确是位杰出的军事家，同时也是个深知忍字秘诀的人。面对命运的不公，面对"朋友"的诬陷，他仍能隐忍不发，满心等待时机的到来。这不但需要一份惊人的忍耐力，同时也要有一种卓越的审视力和观察力。忍耐力的程度很难说清，但其效果却是不言而喻的。求忍、求全、求胜是一种良好的处世的方式。

诸葛亮能忍，故感化了孟获；孙膑能忍，最终成就了大事。从这两例中不难看出，凡是成大事者，有大作为者，莫不把忍字作为自己的人生信条。

知足不辱，知止不殆

疏广、疏受父子，在西汉昭帝时，先后受命为太子太傅，太子少傅。疏广学识渊博，教导有方；疏受好礼恭谨，温文尔雅。父子二人并为太子之师，天子尊敬，大臣钦美，荣冠朝野。

任职五年以后，皇太子也长大了，疏广对疏受说："我听说知足就不会受到侮辱，知足就不会有危险，功成身退，这是最符合事物发展的规律。你我父子，官至二千石，功成名就。如果此时不及时抽身退去，只怕将来会后悔的，我们现在一同离开长安，告老还乡，终其天年，这不是最好的结局吗？"疏受叩头道："听从父亲的安排！"于是二人称病求去，汉宣帝答应了，并送他二十斤黄金，皇太子送了五十斤黄金。当他们离别长安时，满朝公卿饯行于都门外，车连数百辆，路旁围观的人赞叹道："贤哉，大夫！"

回到故乡以后，他们用朝廷所赐黄金，每日摆酒设宴，广请乡里父老，并经常问还剩多少黄金，督促赶快花掉。有人劝他们道："何不买点田产房屋传给子孙？"疏广道："我岂是老糊涂了，不顾及子孙！我想过，我们家还有薄田、茅屋，只要子孙们辛勤劳作，完全可以满足衣食之求，不会比一般人差；如今若是再多给他们添置财产，实是会使他们变坏。本来很贤明的，财产多了，便会胸无大志；本来愚昧的，财产多了更会去干坏事。而且富有的人，众人都会嫉妒。我纵使不能使子孙变得知书达理，也不愿意他们去干坏事，结怨乡亲。这些黄金本来是皇帝赏给老臣养老，拿出来同大家共同享乐，安度晚年，不是很好吗？"

　　二人在乡里中很受人爱戴，平平安安度过了一生。疏广这个两千多年前的大官，实在是很懂得辩证法，很有点远见卓识。首先，他不贪恋权势。如果他不主动提出辞官，汉宣帝会照样给他以礼遇，而等到皇太子将来继位，他们父子的权势一定会隆盛无比。但他们却毫不犹豫地放弃权势，这固然是由于他们对专制时代祸福难测的隐忧，也表明了他们对权势的淡漠。后世许多大官小官们，哪怕到了四肢不灵、五官不清、一饭三遗失的耄耋之年，也还是牢牢地抓住权柄不放。其次，他不贪财。几十斤的黄金，即使在古代，也是一笔不小的财富，然而他不留不传，全都用来宴请乡亲。而后世的许多大小官员们，已经享受了十分丰厚的俸禄和许多特殊的待遇，还不知足，还贪赃枉法，纳财受贿。再其次，他不为儿孙谋。他既不为儿孙谋官，也不为儿孙积财，让儿孙们自食其力。他清醒地认识到，为儿孙谋得太多，只会养出一批纨绔子弟。后世许多大小官吏，趁着手中还有权，还要将儿子、女儿、女婿以至孙子、外孙子的乌纱帽、金钱财宝、房屋车马，都争足了。这些人真是不懂辩证法，不懂历史，也不管未来，他们是一群"实惠主义者"，今朝有权今朝用，明日无权明日愁。

　　其实古人说得好："知足不辱，知止不殆，""祸莫大于不知足，咎莫大于欲得。故知足之足常足矣。"古代哲人的这些话难道不应作为后世官场的官箴吗？

　　祸莫大于贪欲，福莫大于知足，这是古代许多先贤圣哲教给人们的一种处世哲学。既然贪权揽势是致祸的缘由，知足知止也就是避祸的法门。

稳中求胜方成大仁

俗话说："心急吃不了热豆腐。"无论做什么事情，都不能急功近利，你得根据实际情况，一步一个脚印，稳中求胜地达到目标。

李嘉诚是香港的富豪，他是白手起家，从小小的塑胶厂开始，一步步地努力，一步步地发展，不断地失败，不断地吸取失败的教训，才发展到今天的规模，甚至扩展到了电信领域。李嘉诚一点点总结积累失败的经验，一步步地走向成功。

都筑八千代生于日本岐阜县，20岁时任职名古屋市某百货公司，后进入第一人寿保险公司名古屋分公司锦区部，曾任第一人寿保险公司名古屋分公司高级营业主任。1983年起，她连续18年名列全日本推销员业绩前十名。1995年，她签订的合约总值约65亿日元，个人所得总额为8700万日元。

都筑八千代是由一个平凡的家庭主妇转变成一位专业的保险推销员的。多年来，她一步一个脚印，稳步发展，才有如今这般的成就。进入公司的第一年，都筑八千代就成了名古屋分公司新进人员的销售业绩冠军，一时间她觉得保险推销简直是易如反掌。可是和那些业绩动辄两三亿日元的同事相比，都筑八千代尽管一度冲上1亿日元，却始终无法突破2亿日元大关。就在都筑八千代迟迟无法突破瓶颈的关头，区部出现一位一向以医师协会为主要推销目标的业务量卓越的同事。于是都筑八千代试着观察并分析这位同事的推销手法。结果，她断定，采取"高利润市场策略"是突破"2亿日元大关"的关键。她说:"我天生喜欢把事情做得更有效率,我认为拼命工作,以时间换取业绩的推销方法绝非长远之计。要想以最短的时间取得最好的业绩,最有效率的方法就是在拜访推销时,出售更高保额的契约。"从此,都筑八千代以每天拜访一位有钱人为业务目标,向医师这个新兴市场拓展业务。起初,都筑八千代只要一看到医院或诊所的招牌,就会直接往里面冲,根本就没想过医师的年龄和需求,因为她只想从中学习一些拓展医师市场的新方法。经过一段时间的磨砺之后,都筑八千代慢慢找到了适合于自己的方法,然后一步步地取得了最后的成功。

干大事情的人最忌讳的一件事儿,就是当经历了千辛万苦终于要取得成功的时候,因为一个小小的疏忽,导致前功尽弃,功亏一篑。正所谓:大风大浪都过来了,最后在阴沟里翻了船;也好比是端一满碗的水走路,一个小趔趄就把水溢了出来。

拿破仑说过:"人生之光荣,不在于失败,而在于能屡仆屡起。"在你不断成长的路上,急功近利是最危险的一个绊脚石,一口吃不成大胖子,要想达到目标,你就得稳中求胜!成功是金字塔,建成非一日之功。而步步为营,就是先打好基础。金字塔之所以历经数千年不倒,是它的选材、构造、地基都设计建造得趋近完美的缘故。

做大事切忌急功近利,想要达到目标,都得一步一个脚印,在平稳中取得胜利。这样才是做大事,才能做得成功。

第五章 懂得适时退让，趋利避害保实力

学会弯曲做人

人生在世，对于外界的压力，要尽可能地去承受；但在承受不住的时候，不妨弯曲一下。像雪松那样暂时地让一步，就不会被压垮；像小草那样，灵活地拐个弯，就不会被扼杀。

《史记·留侯世家》记载：秦朝末年，张良在博浪沙谋杀秦始皇没有成功，便逃到下邳隐居。张良在镇东石桥上遇到一位白发苍苍、胡须长长、手持拐杖、身穿褐色衣服的老人。老人的鞋子掉到了桥下，便叫张良去帮他捡起来。张良觉得很惊讶，但见他年老体衰，而自己却年轻力壮，便克制住自己的怒气，到桥下帮他捡回了鞋子。

谁知这位老人不仅不道谢，反而大大咧咧地伸出脚来说："替我把鞋穿上！"张良心里大怒："嘿，这糟老头子，我好心帮你把鞋捡回来了，你居然还得寸进尺，要让我帮你把鞋穿上，真是过分！"张良正想脱口大骂，但又转念一想，反正鞋子都捡起来了，干脆好人做到底，于是默不作声地替老人穿上了鞋。张良的恭敬从命，赢得了这位老人孺子可"教"的首肯。又经过几番考验，这位老人终于将自己用毕生心血注释而成的《太公兵法》送给张良。

张良得到这本奇书，日夜诵读研究，后来成为满腹韬略、智谋超群的汉代开国名臣。张良克制自己的不快，为老人拾鞋、穿鞋，看上去好像很窝囊，但这并不是软弱的表现。明白自己比老人身强力壮，处处礼让，这既表现为对老人的尊重，也表现为对自身品格的完善。张良正是在不断礼让、不断弯曲的过程中，磨砺了意志，增长了智慧，最终成为"运筹帷幄之中，决胜千里之外"的人。真正的强者总是善于隐藏自己的锋芒。成熟的管理者应该掌握一种外圆内方、绵里藏针的管理技巧，让别人的攻击因为没有着力点而不能发挥作用，自己只需轻轻一击就可以令竞争对手受到重创，这才是真正的经营、管理高手应该做的事情。

　　山谷中，大雪纷飞，雪花落满了雪松的枝杈。当积雪达到一定程度时，雪松那富有弹性的枝就会向下慢慢弯曲，直到积雪从枝上一点一点地滑落。这样反复地积，反复地弯，反复地落，风雪过后，雪松完好无损。而其他的树，由于没有这个本领，枝杈早被积雪压断了、摧毁了。

　　弯曲不是妥协，而是战胜困难的一种理智的忍让；弯曲不是倒下，而是为了更好、更坚定地站立；弯曲不是毁灭，而是为了退一步海阔天空。

谦卑处世，进退自如

第五章 懂得适时退让，趋利避害保实力

谦卑是一种智慧，是为人处世的黄金法则。社会上的门楣有高有低，只有以谦卑的姿态行走其间，才能顺利通过所有的门庭。无论在官场、商场还是政治军事斗争中，谦卑都是一种进可攻、退可守，看似平淡，实则高深的处世谋略。

羊祜出生于官宦世家，是东汉蔡邕的外孙，但他为人清廉谦恭，毫无官宦人家奢侈骄横的恶习。羊祜年轻时曾被荐举为上计吏，州官四次征辟他为从事、秀才，五府也请他做官，他都谢绝。有人把他比做孔子最喜欢的学生——谦恭好学的颜回。曹爽专权时，曾任用他和王沈。王沈兴高采烈地劝他一起应命就职。羊祜却淡淡地回答："委身侍奉别人，谈何容易！"后来曹爽被诛，王沈因为是他的属官而被免职。王沈对羊祜说："我应该记住你以前说的话。"羊祜听了，并不夸耀自己有先见之明，说："这不是预先能想到的。"

晋武帝司马炎称帝后，因为羊祜有辅助之功，被任命为中军将军，加官散骑常侍，封为郡公，食邑三千户，但他坚持辞让，于是由原爵晋升为侯，其间设置郎中令，备设九官之职。尽管如此，对于王佑、贾充、裴秀等前朝有名望的大臣，羊祜依旧还是十分谦让，不敢居其上。

后来，因为都督荆州诸军事等功劳，羊祜加官到车骑将军，地位与三公相同。但他上表坚决推辞，说："我入仕才十几年，就占据显要的位置，因此日日夜夜为自己的高位战战兢兢，把荣华当做忧患。我身为外

159

戚,事事都碰到好运,应该避免受到过分的宠爱。但陛下屡屡降下诏书,给我太多的荣耀,使我怎么能承受?怎么能心安?现在有不少才德之士,如光禄大夫李憙高风亮节,鲁艺洁身寡欲,李胤清廉朴素,都没有获得高位;而我无能无德,地位却超过他们,这怎么能平息天下人的怨愤呢?因此乞望皇上收回成命!"但是皇帝没有同意。羊祜是成功的,上至一国之主,下至黎民百姓,都对他表示敬佩。羊祜的参佐们赞扬他德高而卑谦,位尊而谦恭。

  谦卑处世是一种进可攻、退可守,看似平淡,实则高深的处世谋略。羊祜的谦卑,使他赢得了所有人的敬佩。

平和待人，适时退让

第五章 懂得适时退让，趋利避害保实力

"人和为宝""和气生财"。如果没有和气的人际环境做基础，一个人是不可能在社会上立足的。

《易经》中非常强调"和"字的重要性，所谓"天时地利人和"，深刻地表明了人和对于做人的重要价值。善为大事者，能够控制个人情感，以和谐的人际关系为最佳的做人之本。

战国时蔺相如是个善于控制情感的人，他化解了廉颇对自己的怨恨，使赵国强大，"将相和"的故事传为美谈。智勇双全的蔺相如，先在秦廷战胜了残暴的秦王，完璧归赵，不辱使命；后在渑池迫使秦王为赵王击缶，维护了赵国的尊严。因为有如此巨大的功绩，蔺相如被拜为上卿，地位超过了赵国宿将廉颇。这事惹恼了急躁刚直的廉老将军，他说："我出生入死，攻城野战，功勋卓著，才赢得眼下的高位。那蔺相如有何本领？他不过是摇唇鼓舌，和秦国打了两次交道罢了。他原来地位那样低贱，现今却官居我之上，我怎能咽下这口气？见到他，非羞辱一顿不可。"蔺相如听说这事后，每逢上朝就经常推托有病，不肯和廉颇争位次先后。有时外出，远远见到廉颇的车马，蔺相如就急忙令人把车让到小巷子去。蔺相如的门下看到这些情况，颇为不解，纷纷说："我们仰慕您高尚的人品，才投到您的门下。现在您位居廉颇之上，他说出那样难听的话，您居然躲起来，害怕得不得了。对那种难听的话，平民百姓都难以忍受，何况像您这样的大臣呢？我们没什么本领，请允许我们辞别吧！"面对众门客激烈的言词，蔺相如怎么辩解呢？

蔺相如先不作解释，故意岔开话题，问了一件似乎与此无关的事："你们看廉将军和秦王两人哪一个厉害？"

"廉将军当然不如秦王！"众门客异口同声地回答。

"那么，秦王有那样大的威风，我敢在秦国大声叱责他，还敢责骂他的文武高官，难道我会害怕廉颇吗？我所想的是，强悍的秦国之所以不敢发兵侵扰我赵国，只是因为我和廉颇两人在罢了。现今两虎相斗，必有一伤。我这样避让廉将军，就是把国家的利益放在前面，而把私人的恩怨放在后面啊！"众门客顿时领悟，由衷折服。这些话传到廉颇耳中，这位久经沙场的老将军羞惭不已，立即上蔺府"负荆请罪"。由此在历史上留下了一段美谈。

平和是一种心态，是一种美德，秉持平和的心态做人，自然能妥善地对待世间的人和事，既尊重自己，又能赢得别人的尊敬。

蔺相如以国家利益为先，善于控制情绪，用平和之心对待廉颇，最终赢得了尊重，也赢得了友谊。

把握进退，潇洒成就人生

第五章 懂得适时退让，趋利避害保实力

在长途跋涉的人生路上，一个知道进退的人，才能利用机会成就自己。只退不进，是懦夫的行为；只进不退，是莽夫的作为。只有进退得当，在面对成败时，才会从容，进而潇洒成就人生。

古代一位哲人曾说过，世上有两种人，一是刺猬型的，一是狐狸型的。刺猬遇事只有竖刺一招，而狐狸却可随机应变。其实，论进退又何尝不是如此？"刺猬"只是一味进或一味退，最终走极端；而"狐狸"却依据实际情况采取不同措施。难怪哲人说，还是像狐狸的人多一点好。是进是退，应该看具体情况。

进中有退、退中有进。进与退乃是紧密结合的一体，是缺一不可的组合。正像太阳和月亮，白天与黑夜。只是进，是走不通的。人生之路何其坎坷，有高耸入云、寒不可御的雪山，也有深不见底、让人望而却步的悬崖。面对这些阻碍，你会如何做？"勇敢"地攀上雪峰，历史上多少骄子死在"高寒"之处；"无畏"地跳下悬崖，那只能粉身碎骨，永远无法达到幸福的彼岸。这时候，只能退，我们只有越过高山与悬崖，才能最终到达成功的远方。只有退，当然也是万万不可能的。逆水行舟，不进则退。人生是一个奋斗的过程，有理想在远方闪耀，有希望在彼岸召唤。我们当然要向着它们前行。若一味地退让，我们只能站在原点，像一个懦夫在别人成功的欢笑声中碌碌无为。

一代大文豪苏东坡，可谓深明其理。他兼有儒家和道家的思想，在

"高寒"中遇政敌之陷害,被贬海南岛,依然怡然自得、进退皆能。大丈夫能屈能伸,难道不是我们的榜样吗?

有一种名叫马嘉的鱼,它生活在海里,肉质鲜美,甚为渔人所爱。马嘉鱼潜藏于深海之中,不易捕捉。然而,每到春夏两季生产幼鱼时,成年的马嘉鱼就会随着潮水浮现水面,这就是渔人的大好机会。行动敏捷、十分聪明的马嘉鱼,只要有一点风吹草动,会马上逃得无影无踪。但马嘉鱼有个致命伤,便是生性倔强、不知进退。马嘉鱼的这一弱点被渔人所掌握,他们将马嘉鱼赶往一面网中。马嘉鱼迎着网游了过来,一旦碰到网,就愈朝着网往前行;愈陷愈深,就愈加恼怒,于是鳃也张开了,鳍也展开了。就这样,它被挂在网的眼孔上,结果没办法挣脱掉,只得束手就擒。实际上,就在马嘉鱼触网时,若不逞一时之强,就不会一头栽进网里;进了网里,若不生气动怒,鳃鳍齐张,也不会落个挂在网上的下场。

马嘉鱼的致命弱点是不知进退,人的物欲也如此。人的欲望就像是一个无底洞,是没有穷尽的,而且人生的目的也不是单纯地只满足某种欲望。因此,进退有度,才能享受人生,才能收获到人生的"最大利益"。在实际的生活当中,进退体现在更微小的事物上。工作学习中,当然要进,但也不能一味进。谁也不是永动机,学习工作之后要适当的休息,这样会取得事半功倍的效果。

要想进退有度,就要时刻清醒地认识自己。有自知之明、实事求是,自己能力范围之外的事情不要奢望能得到什么成就,不强行去穿越本不属于自己的突破口,这样不但能把自己范围内的事情做得更好,并且还能把自己保护得很好。

一个人在自己实力强大时,迎头痛击对手是谋略;而在明知不敌之时,暂避锋芒更是智慧。退一步、等一等,不过是歇歇脚,为的是准备走得更远;低一低头,更是为了昂扬成擎天柱。一次以退为进的等待能让你从"山重水复疑无路"转眼便走入"柳暗花明又一村"。海上的船只在航行中,在预见到大风浪来临时,迎头而上是不智的行为,而只有暂避到无风的港湾处。把握进退，需要"威武不能屈"的大丈夫精神。鲁迅放弃了在日本学习的机会，毅然国写作，用自己的笔杆子唤醒了无数中国人的良知，用自己的精神感染了无数中国人的神经细胞。作为中国文坛上的一代巨匠，鲁迅的那种视死如归的精神与正确把握人生进退的姿态，仍是华夏民族复兴的标志。

把握进退，需要"富贵不能淫"的决心。南丁格尔，一位在人性史上绽放光芒的伟大女性，毅然地放弃了享受万贯家财的荣华富贵的大小姐生活，甘做一名护士。从此，她的微笑便是病人们最大的慰藉。她正确地把握了人生的进退，所以她名垂青史。

把握进退，需要"贫贱不能移"的刻苦精神。"苦难并不是我们获得他人怜悯的资本，奋斗才是最重要的。贫穷也不是什么大不了的事儿，关键是通过自己的努力改变贫穷，这才是最重要的。"这是2005年感动中国十大人物之一的洪战辉的一番肺腑之言，谁听了都不能不为之感动！正是有了这种精神，正是正确地把握了人生的进退，洪战辉这一寒门学子才能在每一个中国人的心中留下深深的烙印，进退之间，彰显智慧。

只有把握进退，才能获得成功。只有这样，才能掌握成功的诀窍。把握进退的尺度吧，也许人生就会因此而改变。

人生路上，要学会低头

学会低头，不是妥协，而是战胜困难的一种理智忍让；学会低头，不是倒下，而是为了更好、更坚定地站立。学会低头，也就学会了审时度势，把握全局。学会低头，就能顺利跨门槛而免受无谓的伤害。

一只蝴蝶从敞开的窗户飞进来，在房间里一圈又一圈地飞舞，有些惊慌失措。显然，它迷路了。左冲右突努力了好多次，它都没有飞出房子。这只蝴蝶之所以无法从原路飞出去，原因是它总在房间顶部的空间寻找出路，总不肯往低处飞——那低一点的位置就有敞开着的窗户。甚至有好几次，它都飞到离窗户至多两三厘米的位置了，可就是不肯再飞低一点！最终，这只不肯低飞一点的蝴蝶耗尽了气力，气息奄奄地落在桌子上死去。

常有些人一方面抱怨人生的路越走越窄，看不到成功的希望；另一方面又因循守旧、不思改变，习惯在老路上继续走下去。这是不是有些像那只蝴蝶？其实，天生我才必有用，东方不亮西方亮。如果我们调整一下目标，改变一下思路，完全会"柳暗花明又一村"。

曾有人问苏格拉底："据说你是天底下最有学问的人，那么我想请教你一个问题：请你告诉我，天与地之间的高度到底是多少？"苏格拉底微笑着回答说："三尺！""你胡说，我们每个人都有四五尺高，如果天与地之间的高度只有三尺。那人还不把天给戳出许多窟窿来？"苏格拉底仍微笑着说："所以，凡是高度超过三尺的人，要想长久立足于天地之间，就要学会低头呀!"

有一句话说：年龄愈大的人愈懂得低头的价值。这里的低头并不是指弯腰低头的简单动作，而更多的是指人的思想方法，一种为人处世的基调。学会低头是一种进退之间的唯美哲学；学会低头是一种人生态度，是东方君子的良好风范。

低头是一种智慧，一种气度。淮阴侯韩信曾经低头，忍受胯下之辱；三国刘备曾经低头，屈身恭请孔明出山；勾践曾经低头，卧薪尝胆。他们之所以低头，忍受奇耻大辱，屈尊俯首，是因为他们在低头那一刻，就坚信他们的头会高高扬起。

学会低头，看到自身的渺小，从而以虔诚之心做人处世。低头是为了昂首。低头处事，昂首做人。人不怕低头，怕的是低下去，再也不抬不起头。不要再希望这一盘是赢家。只有傻子才在手气不好的时候，对自己手上的一把烂牌说：我们只要努力就一定会胜利。学会低头，就是在陷入泥潭时，知道及时爬起来，远远地离开那个泥潭。只有笨蛋才会在狼狈不堪的时候，对自己的鞋子说：我们是出淤泥而不染的。学会低头，就是上错公交汽车时，及时下车，乘坐另一辆。

一堆巨石被山洪冲到草地上，把一片小草压在下面，小草为了呼吸清新的空气，享受温暖的阳光，改变了生长方向，沿着石间的缝隙弯弯曲曲地探出了头，冲出了乱石的阻隔。人生在世，对于外界的压力，要尽可能地去承受，在承受不住的时候，不妨弯曲一下，就像小草那样，灵活地拐个弯，这样就不会被扼杀。

生活中，我们经常会有不应该的负面冲动，我们经常会昂着高傲的头横冲直撞，我们经常有年轻气盛的放纵恣肆。这样的处世让我们经常碰壁，让我们头破血流。我们应该学会低头。当我们学会低头面对那些不公平时，那些不公平简直是恩赐。低下头是在危机四伏的灾难面前泰然处之，是尽管不如所愿却依然说："是，可以。"低一下头，是微笑着与对手握手言和，甚至向敌人致敬；是不急着赴汤蹈火；是以退为进，以守为攻……

第五章 懂得适时退让，趋利避害保实力

寄语

一个人要想洞明世事，练达人情，就必须时刻记住低头。低头是一种理智与忍让，也是一种谦逊之德。学会低头，不是为了倒下，而是为了更好、更坚定地站立。

第六章

切莫把事做绝,给自己留足后路

> 社会充满了风险,充满了挑战。想要在这样的环境里生存下去,那么做事就不能做绝,要为自己留下余地,留条后路,让自己有重新再来的机会,做事出现偏差后有回旋的空间,尽量挽回损失,汲取教训,不再重蹈覆辙。留条后路,是一种智慧,也是一种宽容,为自己留后路的同时,也为他人留后路。

留后路，不走绝路

第六章 切莫把事做绝，给自己留足后路

故事一：一个人扛着锄头走上一个长长的独木桥，他边向前走边用锄头砸坏身后的桥，他不想给别人留下后路。结果，走了不久，前面的桥被洪水冲断了，他想折回，但身后早已无路。于是，他被困在桥上，成了一头困兽。

故事二：一个背着行囊的人爬上了一座岔路很多的山，他边走边用石头在路边留下记号，为别人也是为自己。后来，他的面前出现了一道悬崖，但他依靠自己留的路标，安全地返回原路。

同样是行路之人，为什么结果大相径庭？原因很简单——前者是自私自利、自食其果；而后者为自己，更为他人留下了一条后路。其实，不止是行路人，干任何事，说任何话，都应该留条后路。

一只经历坎坷的老猫，在猫的社会中悟出了一系列如何成为猫上猫的哲理警训，经过它的策划与教诲，很多猫都出类拔萃并有了建树。一只黑猫找到老猫，它想超过所有被老猫点拨过的猫。老猫想了想说："要想超过它们，除非你变成身披凤羽的猫王。只有这样，你才能一统猫界，独自为尊。"黑猫大悦，忙问："如何才能身披凤羽而成猫王？"老猫告诉它，只要向南山的凤凰仙子送上厚礼，凤凰仙子自然会赐它一身五彩缤纷的凤羽。

黑猫害怕老猫再把这个成为猫上猫的方法传授给别的猫，两拳就将它打死。老猫临死时说："你会后悔的，只知道成功的方向是远远不够的。"黑猫准备了999只老鼠,送到了南山。只食五谷从不杀生的凤凰仙子怒:"我只收亲手耕耘而获得的五谷!"她当即赐给黑猫一身象征奸诈险恶的鹰的羽毛,只给它留一只猫头。此时黑猫十分后悔,它后悔没有留着老猫为自己成为猫王做更详细的指导。凤凰仙子看出了黑猫的心思,她说:"毁掉助你攀升的梯子,注定了你从攀升中跌落。打死老猫的那一刻,你就已经自毁了前程。"

事实告诉我们,为自己留下一条后路,于人于己都有好处。命运掌握在自己手里是一件非常幸福的事情,到了关键时刻只有自己能救自己。在人生无法再前进的时候,选择一条好的退路有时也是一个很不错的选择,有后路可走是幸福的。留条后路可能是一种逃避的消极的心态,但这是在你没有完全想好或者就根本不知如何突破时的最优选择。

旅游专业的张小姐毕业后来到一家大型的旅游会展公司面试。在业内人士看来,这是一家非常有名气和实力的公司。在面试中,张小姐表现得非常出色,但当面试官问及她期望薪资的时候,她开出了一个较高的薪水,和该公司提供给新员工的薪水差距较大。面试官明确表示:这样的薪水,本公司不能接受。眼看着面试陷入僵局,自己喜欢的工作就要失去,张小姐又不想自贬身价。于是她一方面先是告诉面试官,薪水不是最重要的,重要的是自己希望能在公司工作;另一方面,她又拿出自己以往的工作经历,并结合会展业的前景进行分析。这个给自己留条后路的"缓兵之计"很好地缓和了"谈判局势",使即将结束的面试有了转机。

当你在许诺或是吹嘘时,给自己留条后路,要提醒自己为他人多想想,一来保证万无一失,二来不会发生反目为仇的后果。这是一种谨慎的表现,也是仁义的表现。当你在工作学习或是制订计划时,给自己留条后路,那是保证事业发展的前提,倘若一个死胡同走下去,就会浪费精力,浪费时间,得不偿失。在与别人斗智斗勇时,给自己留条后路,其实也是在给别人留条后路。那将会使你保存实力,也可能化干戈为玉帛,收到意想不到的效果。这其实是一种能屈能伸、忍辱负重的表现。

因为我们无法保证事情一定成功，哪怕成功的概率很大，我们也不能保证百分之百的成功，所以给自己留条后路。在失败的时候，起码你还有退路。

给自己留退路并不是逃避责任或懦弱的表现，而是保存实力，以利于持久作战，等待有利时机的到来。

智慧之路：后路

留条后路，不是让自己有遁逃的机会，而是让我们重新起步时，汲取教训，不再重蹈覆辙。留条后路，是一种智慧。

1955年《全国农业发展纲要》中把麻雀列为"四害"之一。1958年全国城乡人人动手打麻雀，麻雀几乎被消灭殆尽。据有关部门统计，消灭麻雀多达29亿多只。到了1960年，仅福建省南部统计，龙眼等水果因没有麻雀的保护，遭到毁灭性虫害，水果几乎无收，农民怨声载道。

在韩国北部农村，常种柿子树。秋末，农民采收柿子时，总要留下一部分柿子，作为喜鹊过冬的食粮。这个经验的获得，曾付出过很大的代价。有一年春天，柿树开花结果时，竟被一种毛虫吃光。由此，农民想到喜鹊的功劳，才有了以上的做法。这件事让我们联想到：给别人留有余地，就是给自己留下生机和希望。人们生活在社会中，是需要相互帮助的。

有两个村庄位于沙漠的两端，若想到达对面的村庄，有两条路可走。一条要绕过大沙漠，经过周边的乡镇，但是得花20天的时间才能到达。如果直接穿过大沙漠，只要3天的时间就能抵达。但是，穿越沙漠却很危险，不少人曾经试图横越，却无一人生还。

一天，有位智者经过这两个村落，他让村里的人找许多胡杨树苗，每隔一公里便栽种一棵树苗，直到沙漠的另一端。这天，智者告诉村里的人："如果这些树能够存活下来，你们就可以沿着胡杨树来往；若没有存活,每次经过时,要记得要把枯树苗插深一些,并清理四周,以免倾倒的树木被流沙淹没了。"结果,这些胡杨树苗种植在沙漠中,全被烈日烤死,不过却也成了路标。两地村民便沿着这些路标,平平安安地走了十多年。

有一年夏天,一个外地来的商人,要独自到对面的村庄做买卖。大家便叮咛他说:"您经过沙漠的时候,遇到快倾倒的胡杨时,一定要把它向下再扎深些,如果遇到将被淹没的胡杨树,记得要将它拉起,并整理四周。"商人点头答应,便带着水与干粮上路。但是,当他遇到将被沙漠淹没的胡杨树时,却想:"反正我只走这一趟,淹没就淹没了。"于是,他就这样走过一棵又一棵即将消失在风沙里的胡杨树,看着一棵棵被风吹得快倾倒的树木一一倒下。然而就在这个时候,已经走到沙漠深处的商人,在静谧的沙漠中,只听见呼呼的风声,回头再看来时路却连一棵胡杨树的树影都看不见了。此刻,商人发现自己竟失去了方向,他像个无头苍蝇似的东奔西跑怎么也走不出这片沙漠。就在他只剩下最后一口气时,心里懊恼地想:"为什么不听大家的话?如果我听了,现在起码还有退路可走。"

"给人方便,于己方便"。留有余地,不是简单的同情心,而是无形的相助,是一种博大的爱。看到别人的长处,多想别人的难处,就会给别人留有余地。如此,无论走到哪里与人相处,都会感到幸福快乐。

待人接物也是如此,凡事都要以宽容的心胸,为自己预留一条退路。人活着都盼望一个"好"字。为了家庭好、身体好、儿女好、工作好、心情好,人们千方百计、挖空心思保护自己,可到头来还是事不随心,不尽如人意。造成这种不理想的因素主要是因为人的耳光太短浅,只在所见事物身上做文章。如动辄就打架斗殴,只因为当时争执一句话的对错,没有料到争执下去,你给我一巴掌,我给你一拳,事情越闹越大,出了人命案;如贪官腐败,只因顾念眼前的厚礼,没有料到这是走向腐败的源头,只因顾念当时权力在手,任意挪用公款,没有料到要想人不知,除非己莫为;再如做买卖的,只顾念自己当时多赚钱,没有料到坑人、讪人，日后必遭其报。

　　人们常为自己眼前短暂的利益千方百计、挖空心思最终却得不偿失。人若学会顾念所不见的，对自己对别人都会大有好处。顾念所不见的就是在为自己留后路。无论何事，失去的都是用得到的不能偿还的。所以，人当学会理智处事，不要为正在发生的事情计较，当为事情发展的最终结果打算。

　　做事留有余地不仅是一种无形的相助，也是一种宽容的胸怀。学会换位思考，多想别人的难处，就会给别人留有余地。留条后路，就是为了在做事出现偏差时有回旋的空间，尽量挽回损失。

不该说的话莫说

第六章 切莫把事做绝,给自己留足后路

一句话能使人笑,一句话也能使人跳。懂得说话技巧的人,一定善于察言观色,绝不把话说绝,严重地伤害别人的自尊。

古希腊有一句民谚说:"聪明的人,借助经验说话;更聪明的人,根据经验不说话。"西方还有一句著名的话叫:"雄辩是银,倾听是金。"中国人则流传着"言多必失"和"讷于言而敏于行"这样的济世名言。这些都给了我们这样的建议:在个别交往中,尽可能少说而多听。在我们身边,经常会有这样的人,他们喜欢多说话,总是喜欢显示自己怎么样怎么样,好像他博古通今似的。

更聪明的人,或者说智慧的人,往往会根据自己的经验,知道自己要是多说,必然会说得多,错得也就多,所以不到需要时,总是少说或者不说。当然,到了说比不说更有效时,我们一定要说。雄辩是银,倾听是金。在销售中,这句话就更有用处。若是在给顾客下订单时,对方出现沉默的话,你千万不要以为自己有义务去说什么。相反,你要给顾客足够的时间去思考和作决定。千万不要自作主张,打断他们的思路,否则你会后悔莫及。

日本金牌保险推销员原一平曾有这样的推销经历:他去访问一位出租车司机,那位司机坚决认为原一平绝对没有机会向他推销人寿保险。当时,这位司机肯会见原一平,是因为原一平家里有一部放映机,它可以放彩色有声影片,而这是那位司机没有见过的。原一平放了一部介绍人寿保险的影片,并在结尾处提了一个结束性的问题:"它将为你及你的家人带来些什么呢?"放完影片,大家都静悄悄地坐在原地。3分钟后,那位司机经过心中的一番激烈交战,主动问原一平:"现在还能参加这种保险吗?"

最后,他签了一份高额的人寿保险契约。在从事销售的时候,有的推销员脑子里会有这样一种错误想法,他们以为沉默意味着缺陷。可是,恰当的长时间沉默不但是允许的,而且也是受顾客欢迎的。因为这可以给他们一种放松的感觉,不至于因为有忍催促而做出草率的决定。当顾客说"我考虑一下"时,我们一定要给予他们足够的时间去思考,因为这总比"你先回去吧,我考虑好了再打电话给你好吧"要好。别忘了,顾客保持沉默时,就是他在为你考虑了。

相比较而言,顾客承受沉默的压力要比我们承受的还要大得多。极少顾客会含蓄地犹豫超过2分钟的。因此,在顾客开口之前,务必保持沉默,除非你想丢掉生意。

在一次艺术品展览会上,展示了一副《四只猴子》的艺术品。艺术品中的四只猴子神态各有不同,一只用双手捂住嘴巴,其寓意是"不该说的不说";一只用双手按住耳朵,其寓意是"不该听的不听";一只用双手遮住眼睛,其寓意是"不该看的不看";最后一只猴子用双手紧紧地按住两腿间的隐私处,其寓意是"不该干的不干"。在与人类的交往中,动物为了生存,学会了怎么猜磨人的心事和性情,这是动物具有灵性的一面。对我们每一个社会人来说,为了生存和发展,为了实现个人的价值,在与人的交往接触中,也要学会揣摩他人或者组织的心情和意图,或许这是"四只猴子"艺术品的人生哲理所在,也是创意该艺术品的人所要揭示的用意所在。

十分可爱的四只猴子,十分深刻的四条规则,说是做人做事的明规则也罢,说是一种潜规则也好,但其蕴含的"什么事情都有一个场合,什么事情都有一个度,什么事情都有一个原则"的哲理不会变。

相传,有家父子冬日在镇上卖便壶,父亲在南街卖,儿子在北街卖。

不多久，儿子的地摊前有了看货的人，其中一个看了一会儿，说道："这便壶大了些。"那儿子马上接过话茬："大了好哇！装的尿多。"人们听了，觉得很不顺耳，便扭头离去。在南街的父亲也遇到了顾客说便壶大的情况。当听到一个老人自言自语说"这便壶大了些"后，他马上笑着轻声地接了一句："大是大了些，可您想想，冬天夜长啊！"好几个顾客听罢，都会意地点了点头，继而掏钱买走了便壶。

父子两人在一个街上做同一种生意，结果迥异，原因就在会不会说话上。我们不能说当儿子的话说得不对，确实，便壶大装的尿多，他是实话实说。但不可否认，他的话说得欠水平，粗俗的语言难以入耳，令人听了很不舒服。本来，买便壶不俗不丑，但毕竟还有些私密的因素在内。人们可以拿着脸盆、扁担等大大方方地在街上走，但若拎着个便壶走在街上，就多少有些不自在了。此时，儿子的大实话怎能不使买者感到几分别扭？而那个父亲则算得上是一个高明的推销商。他先赞同顾客的话（"大是大了些"），以认同的态度拉近顾客的距离；然后，又以委婉的话语说"冬天夜长啊"。这句看似离题的话说得实在是好，它无丝毫强卖之嫌，却又富于启示性。其潜台词是：冬天天冷夜长，夜解次数多且又怕冷不愿意下床是自然的，大便壶正好派上用场。这种设身处地的善意提醒，顾客不难明白。卖者说得在理，顾客买下来也就是很自然的了。

儿子一句话砸了生意，父亲一句话盘活了生意，这正是"说话留一点，不该说的别说"的道理所在。

言多必失，告诫我们的是要慎言。所谓"言者无意，听者有心"，为避免造成不必要的结果，多一言不如少一语，将话说得滴水不漏，办起事来才能得心应手。

有话不必直说

在与人交流时,由于种种原因,难免会遇到他人的误解甚至招致攻击。此时,如果能保持宽容的心态,先从自身找找毛病,再从长远考虑问题,做到有理不强争,有话不直说,待云开雾散、真相大白之时,误解你的人就会把心掏出来给你看,旁人也会为你宽容的风度投去钦佩的目光。

新兵小燕在一次班务会发言时,无意中涉及了老兵小李的某些问题。小李误认为小燕是有意在班长面前出他丑,便连珠炮似的数落了小燕一番。事后有人对小燕说:"你怎么不说他?"小燕说:"事情终会弄明白的,即使小李不明白,你们大伙不也都明镜似的吗?"打这以后,小李还经常向别人散布说小燕这人专会巴结班长,爱表现自己。对此,小燕也一笑了之,她说:"我帮班长干活是应该的,别人不帮大概是有原因的,要么累了,要么有别的事要做。班长有事我帮助做,别人有事我也没看热闹啊,时间长了他会了解我的。"

果然,经过一段时间的朝夕相处,小李对小燕的人品有了全新的认识,主动向小燕赔了不是。全班同志也都乐意和小燕共事,甚至只要小燕参加勤务劳动时,大伙都不好意思偷懒了。

宽容是生活中永不坠落的太阳,是获得友谊的灵丹妙药。跟别人交谈的时候,不要以讨论异见作为开始,要以强调而且不断强调双方所同意的事情作为开始。要不断强调你们都是为共同的目标而努力,唯一的差异只在于方法而非目的。谈话中，需要学会从别人的观点来看事情，要尽可能使对方在开始的时候说"是的，是的"，尽可能不使他说"不"，这样才能有更多的收获和更深刻的意义。

在对方寻衅发难或犯有过错时，除进行必要的还击或批评外，宽容大度的说服是更高明、更有效的一种方式。一个人有一些缺点，犯一些错误往往是不可避免的，我们应当允许别人犯有错误，更应允许别人改正错误。

我们在此时以超然的态度宽以待人，不立即批评，允许对方犯错误，并以言行去感动他，对方必会产生强烈的感激和自责心理，从而主动认错，接受我们的劝导和说服。同时，我们只有具备宽厚容忍的精神、"宰相肚里能撑船"的大家风范，才能真正做到不但善于团结那些和自己意见相同的人，也善于团结那些和自己意见不同的人，更善于团结那些反对过自己并且证明是反对错了的人。

为人处世要行宽容之道，"路留一步，味留三分"。这样不仅能带来良好的人际关系，自己也能活得轻松、快乐。

留人情面，不揭人伤疤

人们总是尽其全力来保持脸面，为了面子问题，可以做出常理之外的事。而在知道如何注重面子之后，还必须尽量避免在公众的场合内使别人难堪，时时刻刻提醒自己不要做出任何有损他人颜面的事。

朱先生每年都会受邀参加某单位的杂志评审工作。这个工作在当地非常具有荣誉感，很人想参加却找不到门路，多数人只参加一两次，就再也没有机会了。朱先生年年有此"殊荣"，让大家都羡慕不已。朱先生在年届退休时，有人问他其中的奥秘，朱先生微笑着说出奥妙所在。他说自己的专业眼光并不是关键，本身的职位也不重要，他之所以能年年被邀请，是因为他很会给别人"面子"。朱先生在公开的评审会议上一定遵循一个原则——多称赞，少批评。但会议结束之后，他会找来杂志的编辑人员，私下里告诉杂志编辑存在的缺点。

虽然杂志有先后名次，但大家都保住了面子。也正是因为朱先生顾虑到了别人的面子，承办该项业务的人员和各个杂志的编辑人员都很尊敬与喜欢他，当然也就每年找他来当评审了。

在生活中，"面子"是一件很重要的事。不少人为了"面子"，小则翻脸，大则闹出人命；如果你是个对"面子"不重视的人，那么你必定是个不受欢迎的人；如果你是个只顾自己却不顾别人面子的人，那么你必定是个失败的人。

要永远记住：一种行为必然引起相对的反应。只要你有心，处处留意给人面子,你将会获得天大的面子。给人面子并不难,只要多加称赞少批评就行了。这不但是相互尊重,也是一种非常有效的沟通方式。只有给别人面子,你才能够有面子。年轻人常犯的毛病就是,自以为有见解,自以为有口才,逮到机会就大发宏论,把别人批评得一无是处。其实,这种举动正是在为自己的祸端铺路,总有一天会吃苦头。

面子是很重要,"士可杀,不可辱"就是这样一个道理。面子在有些场合甚至重于性命。

也许你会说,讲究面子是虚伪的表现!对此,我们并不否认,但这是人性的弱点,即使是圣贤也无法超越。如果你对这个问题不够重视,就会吃亏。

面子问题很微妙,只能意会不可言传,但是有一点必须注意,不要做有伤别人面子的事情。比如,不要当面羞辱人,尤其不要进行人身攻击;不要当着众人揭露别人的过错;即使你是"强龙",也不要管"地头蛇"的事;不要意气用事羞辱别人的手下;在输赢场合,不要赢得太多;不要抢别人的风头、功劳和机会……总之,要时刻想着对方,尊重对方,不管对方是大人物还是普通人,这样可以避免你的人际关系出现问题。

给人留面子,别人也会"投桃报李"给你面子。在面子问题上一定要小心。与人交往,求人办事,要做到一路绿灯。要想游刃有余并不难,只要记住:给人留面子。

凡事预留退路

在人际交往中，我们常常可以发现，有的人能够在交际圈内进退自如，而有的人却常常处于被动，进退维谷。其原因可能是多方面的。

《红楼梦》中的平儿，虽是凤姐儿的心腹和左右手，但在待人处事方面，始终注意为自己留余地，绝没有犯凤姐儿所说的"心里头只有我，一概没有别人"的错误，更不像凤姐那样把事做绝。平儿对下人决不依权仗势，趁火打劫，而是经常私下进行安抚，加以保护，一方面缓和化解众人与凤姐的矛盾，另一方面顺势做了好人，为自己留下余地和退路。凤姐死后，大观园一片败落，平儿却多次获得众人帮助渡过难关，终得回报。

历史的经验和文学名著中人物的结局都告诉人们一个道理：在待人处世中，万不可把事做绝，要时时处处为自己留下可以回旋的余地。就像行车走马一样，你一下走到山穷水尽的地方，调头就不容易，你留有一些余地，调头就容易多了。常言道："过头饭不可吃，过头话不可讲。"另外，在大多数情况下要特别注意才可露尽，力不可使尽，在办任何事的时候，都要多用点"太极推手"的功夫，永远保留一些应变的能力。具体如何留余地，这里提出两大技巧：

在承诺别人时，注意使用"模糊语言"，以使自己赢得主动。在回绝别人时，不妨先拖延一下，最好不当面拒绝，答应考虑一下，给自己留点回旋的余地，以便使自己"进退有据"。在批评别人时，特别是有多人在场时，最好"点到为止"，以维护对方的尊严；在与人争论或争吵时，忌使用"过头话"，把话说绝，要给对方留面子。

对一些不太好把握的事，千万不要急于表态，多说点无关痛痒的话；对于不便回答的问题，那就先放一放，免得考虑不周说错了自己受牵连；对那些表面看来无关大局的事，也要含蓄地处理，巧妙地避开疑难之处，免得惹麻烦。另外，对于某些难以回答而又不好回避的问题，不妨含糊其辞，来一番模棱两可的回答，如"可能是这样"，"我也不太了解"等等，以给自己留有余地。

凡事预留退路，在待人处世中，万不可把事做绝，要为自己留下可以回旋的余地，给自己留一些应变的能力。

第六章 切莫把事做绝，给自己留足后路

弓过盈则弯，刀过刚则断

生活在纷繁复杂的大千世界里，和别人发生着千丝万缕的联系，出现点摩擦，在所难免。此时，如果仇恨满天，得理不饶人，后果只能是两败俱伤，鱼死网破；如果采取忍让之道，则可以做到"退一步海阔天空，忍一时风平浪静"。哪个更有利，不言自明。

中国历史上，凡是显世扬名、彪炳史册的英雄豪杰、仁人志士，无不能忍。人生在世，生与死较，利与害权，福与祸衡，喜与怒称，小之己身，大之天下国家，都离不开忍。现代社会中，许多事业上非常成功的企业家、金融巨头亦将忍字奉为修身立行的真经。忍是修养胸怀的要务，是安身立命的法宝，是众生和谐的祥瑞，是成就大业的利器。忍是一种宽广博大的胸怀，是一种包容一切的气概。忍讲究的是策略，体现的是智慧。"弓过盈则弯，刀过刚则断"。能忍者追求的是大智大勇，决不会做头脑发热的莽夫。

忍让是人生的一种智慧，是建立良好人际关系的法宝。忍让之苦能换来甜蜜的结果。《寓圃杂记》中记述了杨翥的故事。杨翥的邻居丢失了一只鸡，指桑骂槐地说是被杨家偷去了。家人气愤不过，把此事告诉了杨翥，想请他去找邻居理论。可杨翥却说："此处又不是我们家姓杨，怎知是骂的我们？随他骂去吧！"每当下雨时，邻居便把自己家院子中的积水排到杨翥家去，使杨翥家如同发洪水般，遭受水灾之苦。家人告诉杨翥，他却劝家人"总是下雨的时候少，晴天的时候多"。

久而久之，邻居们都被杨翥的宽容忍让所感动，纷纷到他家请罪。有一年，一伙贼人密谋抢杨翥家的财产。邻居得知此事后，主动组织起来帮杨家守夜防贼，使杨家免去了这场灾难。

春秋五霸之的晋文公，名重耳，未登基之前，由于遭到其弟夷吾的追杀，只好到处流浪。有一天，他和随从经过一片土地，因为粮食已用完，他们便向田中的农夫讨些粮食，可那农夫却捧了一捧土给他们。面对农夫的戏弄，重耳不禁大怒，要打农夫。他的随从狐偃马上制止了他，对他说："主君，这泥土代表大地，这正代表你即将要称王了。这是一个吉兆啊！"重耳一听，不但立即平息了怒气，还恭敬地将泥土收好。

狐偃身怀忍让之心，用智慧化解了难堪，这是胸怀远大的表现。如果重耳当时盛怒之下打了农夫，甚至于杀了人，反而会暴露了他们的行踪。狐偃一句忠言，既宽容了农夫，又化解了屈辱，成就了大事。

生活中许多事当忍则忍，能让则让。善于忍让，宽宏大量，是一种境界，也是一种智慧。处在这种境界的人，少了许多烦恼和急躁，能获得更加亮丽的人生。

你的竞争对手不是你的敌人，事实上，你与他们有更多的相似之链。一个没有偏见的企业领导人明白，好的竞争对手有助于定位市场和传播行业的正面信息。把你的竞争对手视为对手而非敌人，将会更有益。你一旦把事情定性为"他们反对我"，一旦将世界划分为朋友和敌人，一旦对敌人的行动采取抵御措施；那么，对你的敌人而言，你也会成为他们的敌人，同时你也会成为自己平静心态的敌人。

在军事谋略中，十分强调利用对手的能量保卫自己。在充满竞争的经营环境中。如果你总是处于进攻的状态，那么就会削弱自己的战略地位。如果你随机应变，后退一步，就能够创造性地对许多不同的竞争状况作出反应。在信息高度透明的某行业，有家公司近期开始大幅度降价，以此削弱别人。大多数竞争对手十分愤怒"他们怎么可以这么做？他们打算做什么？毁了我们，破坏整个行业？"自然地，他们也开始进攻，降价更多，价格战于是无休止地持续下去。然而，有一个公司却利用这场

第六章 切莫把事做绝，给自己留足后路

激动人心的价格战的机会，采取了不同的做法。它只是稍微地降价，然后提供几项增值服务，包括为销售代表举办研讨班，同其他公司合作进行交叉促销，等等。当然，所有这些服务都增加了公司的成本，但怎么也比不上单纯降价所导致的损失高。

此外，等到价格战结束之后，该公司已经扩大了市场份额，并且由于顾客认为可以从该公司的增值服务中收获甚多，该公司因而可以适当地提高价格。总之，该公司通过利用竞争对手产生的能量而大大获利。

如果你不保持清醒，那么就会像许多大公司那样，由于自身力量是如此强大，而且公司的政策也加剧这种力量，以致束缚了员工的创造力，从而饱受竞争之苦。自然界所有事物都知道如何以及何时屈服。遭遇强风时，树枝的明智之举是弯曲而不是逆风折断。在飓风中。棕榈树会以任何方式向地面弯曲，之后又迅速恢复到笔直的状态。屈服也可以说是一种胜利。懂得如何屈服的最大好处在于，在你取得胜利的时候，你的对手不会感到被击败。宽人人宽，三尺道路六尺宽。

古希腊神话中有一位大英雄叫海格里斯。一天，他走在崎岖不平的山路上，发现脚边有个袋子似的东西很碍脚。海格里斯踩了那东西一脚，谁知那东西不但没有被踩破，反而膨胀起来，加倍地扩大着。海格里斯恼羞成怒，操起一根碗口粗的木棒砸它，那东西竟然长大到把路堵死了。正在这时，山中走出一位圣人，对海格里斯说："朋友，快别动它，忘了它，离它远去吧！它叫仇恨袋，你不犯它，它便小如当初；你侵犯它，它就会膨胀起来，挡住你的路，与你敌对到底！"

我们生活在茫茫人世间，难免与别人产生误会、摩擦。如果不注意，在我们轻动仇恨之时，仇恨袋便会悄悄成长，最终会堵塞了通往成功的路。我们一定要记着在自己的仇恨袋里装满宽容，那么我们就会少一分烦恼，多分机遇。宽容别人也就是宽容自己。学会宽容，对于化解矛盾，赢得友谊，保持家庭和睦、婚姻美满，乃至事业的成功都是必要的。因此，在日常生活中，对子女、配偶、同事、顾客等等，都要有一颗宽容的爱心。

拿破仑在长期的军旅生涯中养成宽容他人的美德。作为全军统帅，批评士兵的事经常发生，但每一次他都不是盛气凌人的。他能很好地照顾士兵的情绪。士兵往往对他的批评欣然接受，而且充满了对他的热爱与感激之情，这大大增强了他的军队的战斗力和凝聚力，使其成为欧洲大陆一支劲旅。

在征服意大利的一次战斗中，士兵们都很辛苦。拿破仑在夜间巡岗查过程中，发现一名巡岗士兵倚着大树睡着了。他没有喊醒士兵，而是拿起枪替他站起了岗。大约过了半个小时，哨兵从沉睡中醒来，他认出了自己的最高统帅。十分惶恐。拿破仑却不恼怒，他和蔼地对他说"朋友，这是你的枪，你们艰苦作战，又走了那么长的路打瞌睡是可以谅解和宽容的。但是目前，一时的疏忽就可能会断送大军。我正好不同，就替你站了一会儿，下次一定小心。"拿破仑没有破口大骂，没有大声训斥士兵，没有摆出元帅的架子；而是语重心长、和风细雨地指出了士兵的错误。有这样大度的元帅，士兵怎能不英勇作战呢？如果拿破仑不宽容士兵，那么结果只能是增加士兵的反抗情绪，丧失了他本人在士兵中的威信，削弱了军队的战斗力。

宽容是一种艺术，宽容别人不是懦弱，更不是无奈的举措。在短暂的生命里学会宽容别人，能使生活平添许多快乐，使人生更有意义。正因为有了宽容，我们的胸怀才能比天空还宽阔，才能尽容天下难容之事。

忍让是一种智慧，宽容是一种心态。忍让是智者的大度，强者的涵养。宽容并不意味着怯懦，也不意味着无能，是一种胸怀。

第六章 切莫把事做绝，给自己留足后路

得饶人处且饶人

《增广贤文》是我国民间流传非常广泛的一本关于为人处世的小册子，里面收集了许多久经验证的富有哲理的民谚俗语，其中有一条是："饶人不是痴汉，痴汉不会饶人。"也有把这句话说成"有理也要让三分，得饶人处且饶人"的。这条哲理告诉人们，凡事都应适可而止，给自己留一条后路。

道理虽然如此，但是在现实生活中，我们还是能看到有一些人得饶人处不饶人，甚至是无理也要闹三分。说实话，像这样的人是很难有什么好下场的。很明显，人都是讲求礼尚往来的。你让别人吃了亏，别人不了台，自然也会伺机报复你的。

一位商人从南方赶到沈阳做生意，看上了一栋坐落于某条街道旁的大楼，想在那里开酒店，于是就通过房地产中介公司与楼房所有者交涉。后来经过市场调查了解到，这里的生意可能不会很好，这个商人就无意承租了。想不到楼房的主人仗着自己是本地人，跑来跟他说："这怎么能行呢？因为你我才想把大楼出租，你怎么能谈到一半就放弃了呢？你这不是存心让我为难吗？"

由于楼房主人的亲戚在街道派出所当所长，在当地颇有势力，在无奈之下，这个商人只好承租了。结果不出所料，由于酒店地点欠佳，开业后门可罗雀，亏损累累，于是这个商人就向对方提出不再续租的要求。孰料，楼房主人说："当初是你执意要租，我才租给你的，如果你不再续租，以后也没有人会租了，所以你的要求我不答应。"无奈之下，这个商人便提出保证金、押金都不要了，只想离开那个地方。对方略为思考后点头应允，不过要求商人把店中的桌椅留下来，看来他好像有意接手经营这家酒店。

这个商人答应了他的要求，并想结束谈话。但对方却进一步要求这个商人帮他介绍一位经理管理酒店。这时这个商人觉得楼房主人实在做得太过分了，决定要给他一点儿教训，于是就把自己连锁店中业绩最差的三位经理介绍过去。事情正如那个商人所料，酒店开张后不久，正值年底最忙碌之时，楼房主人突然跑来对这个商人说："你推荐的那三个经理实在无能，酒店一片混乱！"原来那三人虽然尽忠职守，但工作能力却非常差，情况就如同当初预期的那般。那个商人告诉楼房主人，这只是按照他的意思介绍人给他，其余一概不负责，因而拒绝了他的其他要求。

在这件事上，尽管那个商人也有损失，但楼房主人的损失似乎更大一些。其实如果一开始，楼房主人满足于自己所拥有的某一程度的要求，也不会遭到报复。那个商人为了同他保持一定关系，在当地待下去，说不定彼此均能获利。但他一心只是要利，最后反使自己陷入泥潭中而不能自拔了。

可见，责难人，难为人，不饶人，是无法给自己带来任何好处的；相反，你还有可能因为这种不饶人的姿态而给自己带来一些负面影响。这种负面影响主要体现在以下三个方面：一是会激化矛盾。俗话说：狗急跳墙，其实人急了，也会跳墙，跳墙就是拼命。人家跟你拼命，你就犯不着了，而且也太不划算。二是会惹得别人长久记恨。为什么要如此这般地让人记恨你呢？对方没有机会反扑则已，要是有机会的话，他的报复会更加激烈的，这样你的损失就惨重了。三是会给人留下不好的印象。显得自己心胸狭窄，小人见识，这样有时候会犯众怒。

宽容是制止报复的良方。如果你经常带上这个"护身符"，就能克服负面影响的困扰，确保自己一生平安。善于饶人的人，不会被世上不平之事所摆弄，即使受了他人的伤害，也绝不冤冤相报。

　　做人做事都不可做绝，要有容人之量，得饶人处且饶人。你容人，别人也能容你。给别人留后路，也给自己留后路。

第六章 切莫把事做绝，给自己留足后路

给自己留余地

俗话说："利不可赚尽，福不可享尽，势不可用尽。"说的是在为人处世的时候要给自己留点儿余地，以备不时之需。在这个充满风险、充满挑战的社会里，我们的生活、职业、娱乐、思维方式都将发生很大的变化。要想在这样的环境里很好地生存下去，那么，做人就必须留有余地。每个人在给他人留有余地的同时，也为自己留下了余地。

我国四大名著之一的《红楼梦》中有这样一句话："身后有余忘缩手，眼前无路想回头。"意思是说人们风光时，要懂得留下余地，否则，一旦身陷困境，想回头就难了。给他人留下余地，这样不只是为别人留下了余地，更为自己留下了余地。相反，如果我们与人交往时不愿留余地，那么以后倒霉的也许就是自己。

每天上下班交通高峰时，公共汽车站总会出现混乱。车厢中间原本还有很大的空间，但先上车的人站在门口却没有为后面的人留下余地，不肯向里挪动一步，后面的人因为赶时间，紧抓车门，吃力地往里挤，结果是车门关不上，大家谁也走不了。如果前面的人多走一步，为后面的人留点儿余地，大家既可以很快地上车，也不会耽误时间，岂不皆大欢喜？

现实纷繁多变，在处世的过程中，稍有不慎，就可能在无意间和别人发生冲突，伤害或得罪了别人。如果你看到大家各持己见，争执不下，事情难以解决，便主动地让一步，退避一时，等大家冷静下来再去解决；你就会发现你们之间的矛盾并不是那么深，有时就是为了面子，为了一口气。在这时，愿意留余地就是解决问题的最佳方案。人和人之间是没有什么解决不了的矛盾的，时间会让一切烟消云散。正所谓时间可以冲淡一切。处世时如果能够把握尺度，在处理问题的时候，给自己留条退路，往往会有意想不到的结果。

对于别人请托的事情，你可以答应接受，但不要"保证"，应代以"我尽量，我试试看"的字眼；上级交办的事当然接受，但不要说"保证没问题"，应代以"应该没问题，我全力以赴"的字眼。这是为万一自己做不到留后路，而这样回答事实上又无损你的诚意，反而更显示出你的审慎，别人会因此更信赖你，即使事情没有做好，也不会怪罪你。

有人或许会认为，这是一种圆滑的表现，其实这是一种误解。善于为自己留余地，非但不应该是圆滑，而且还应该上升到善于处世的高度。实际上，这也是现实环境的使然。凡事总会有意外，留有余地，便不会因为"意外"的出现而下不了台，而且留有余地还可以让自己从容转身。留余地不是说将问题放下不加以解决，而是要将问题暂时搁置起来。这其实是解决问题的一种方法。有些事情在现阶段很难解决，大家争执不休，这时我们放它一段时间，寻找解决问题的最佳时机。当看到时机成熟时，抓住机会加以解决，这样才会有一个圆满的结局。因此留余地并不是放弃，而是在留下余地的同时寻找最佳的机会，这才是留余地的原本目的。

当然，留有余地也要讲究分寸，余地留得过多就是保守了。三国时的诸葛亮伐魏时，为了给自己万一兵败留下余地而取道祁山，结果六次皆败，最后饮恨五丈源。假如他能听取魏延的意见，冒一次险取道四川，也许历史上三国归晋的说法将会被改写。

留有余地就是一把双刃剑。用好了可以伤敌，若失手则会伤己。这个分寸的拿捏需要我们自己掌握。

为人处世要留余地，学会多加思考，多留一些余地。这样不仅是为他人留下余地，同时也为你自己留下余地。

善于包容和接纳他人

这是一个刚从战场归来的士兵的故事。他从旧金山打电话给他的父母，告诉他们："爸妈，我回来了，可是我想带一个朋友同我一起回家。""当然好啊，"他们回答，"我们会很高兴见到他的。"

不过儿子又继续说下去："可是有件事我想先告诉你们，他在越战里受了重伤，少了一只胳膊和条腿。他现在走投无路，我想请他回来和我们一起生活。""儿子，我很遗憾，不过或许我们可以帮他找个安身之处，"父亲又接着说，"儿子，你不知道自己在说些什么。像他这样残障的人会对我们的生活造成很大的负担。我们还有自己的生活要过，不能就让他这样破坏了。我建议你先回家，然后忘了他，他会找到自己的一片天空的。"就在此时儿子挂上了电话，他的父母再也没有他的消息了。几天后，这对父母接到了来自旧金山警局的电话，说他们的儿子已经坠楼身亡了。警方确认这只是单纯的自杀案件。于是他们伤心欲绝地飞往旧金山，并在警方带领之下到停尸间去辨认儿子的遗体。那的确是他们的儿子，但让他们惊讶的是，儿子居然只有一只胳膊和一条腿。

我们每个人的心里都藏着一种神奇的东西，称为"情感"，你不知道它究竟如何发生、何时发生，但你却知道它总会带给我们特殊的礼物。爱就像是稀奇的宝物，它带来欢笑，激励我们成功；它倾听我们内心的话，与我们分享每句赞美，它的心房永远为我们而敞开。

爱心与情感会影响你的思维，这点毫无疑问。如果你缺少爱心，缺

第六章 切莫把事做绝，给自己留足后路

少对弱者的同情，有时候你就会作出错误的决定。因为事实上，你面对的不幸可能只是一个假象，这个假象是对你情感的一种考验。包容心有时候能替你作出正确的决定。

在18世纪，法国科学家普鲁斯特和贝索勒是一对论敌。他们围绕定比定律争论了有9年之久，他们都坚持自己的观点，互不相让。最后的结果是普鲁斯特获得了胜利，成了定比定律的发明者。但是，普鲁斯特并未因此而得意忘形，忘乎所以。他真诚地对与他激烈争论了9年之久的对手贝索勒说："要不是你一次次的责难，我是很难进一步将定律研究下去的。"同时，普鲁斯特特别向众人宣告，定比定律的发现有一半功劳是属于贝索勒的，是他们共同促使了定律昭示天下。

在普鲁斯特看来，贝索勒的责难和激烈的批评，对他的研究是一种难得的激励，是贝索勒在帮助他完善自己。这与自然界中"只是因为有狼，鹿才奔跑得更快"的道理是一样的。

　　普鲁斯特能获得成功，是因为他做人有宽容之心，勇于听取别人的反对意见，善于包容和吸纳他人，不计较他人的态度，充分看到他人的长处，善于从他人身上吸取营养，肯定和承认他人对自己的帮助。

糊涂待人留余地

第六章　切莫把事做绝，给自己留足后路

糊涂是一种心态，是一种美德，秉持糊涂的心态做人，自然能妥善地对待世间的人和事，既尊重自己，又能迎得别人的尊敬，这也是糊涂做人的要义。

古代有个叫韩琦的人，曾同范仲淹一道推行新政，北宋时长期担任宰相职位。韩琦在定武统帅部队时，夜间伏案办公，一名侍卫拿着蜡烛为他照明。那个侍卫不小心一走神，蜡烛烧了韩琦鬓角的头发。韩琦没说什么，只是急忙用袖子蹭了蹭，又低头写字。过了一会儿一回头，发现拿蜡烛的侍卫换人了，韩琦怕主管侍卫的长官鞭打那个侍卫，就赶快把他们召来，当着他们的面说："不要替换他，因为他已经懂得怎样拿蜡烛了。"军中的将士们知道此事后，无不感动佩服。按理说，侍卫拿蜡烛照明时不全神贯注，把统帅的头发烧了，本身就是失职，韩琦责备一句也是应该的；即使不责备，挨烧时"哎呀"一声也难免。可他不但忍着疼没吱声，还怕侍卫受到鞭打责罚，极力替其开脱。他这种容忍比批评和责罚更能让士兵改正缺点、尽职尽责。韩琦统帅的是一个大部队，事情虽小，影响却大，上上下下一知晓，谁不愿意为这样的统帅卖命呢？

韩琦镇守大名府时，有人献给他两只出土的玉杯。这两只玉杯毫无瑕疵，是稀世珍宝。韩琦非常珍爱，送给献宝人许多银子。每次大宴宾客时，总要专设一桌，铺上锦缎，将那两只玉杯放在上面使用。结果有一次在劝酒时，被一个官吏不小心碰到地上摔个粉碎。在座的官员惊呆了，碰坏玉杯的官吏也吓傻了，趴在地上请求治罪。可韩琦却毫不动容，笑着对宾客说："大凡宝物，是成是毁，都有一定的时数，该有时它献出来了，该坏时谁也保不住。"说完又转过脸对趴在地上的官吏说："你偶然失手，并非故意的，有什么罪呢？"这番话说得十分精彩！玉杯已经打碎，无论怎样也不能复原。责骂、痛打一顿肇事者吧，徒然多了一个仇人，众位宾客也会十分尴尬，好端端的一场聚会便不欢而散，也会大大有损自己的形象。而韩琦此言一出，立刻博得了众人的赞叹，而肇事者对他更是感激涕零，恐怕给他做牛做马也心甘情愿了。

元代吴亮在谈到韩琦时说："韩琦器量过人，生性淳朴厚道，不计较疙疙瘩瘩一类的小事。功劳天下无人能比，官位升到臣子的顶端，但不见他沾沾自喜；经常在官场的不测之祸中周旋，也不见他忧心忡忡。不管什么情况下，他都能做到泰然处之，不被别的事物牵着走，一生不弄虚作假。在处世上，被重用，就立于朝廷与士大夫们公平议事；不被重用，就回家享受天伦之乐，一切出自真诚。"韩琦一生处于危险之地，而又一直立于不败之地，这是为什么呢？正如他自己所说的，"天下之事，没有完全尽如人意的，一定要用平和的心态去对待。不这样，连一天也过不下去。即使是和小人在一起时，也要以诚相待。只不过知道他是小人，就同他少来往罢了"。这就是韩琦处世高人一筹的秘密。

人生在世，不如意之事，十之八九。每次遇到不顺之事，就去奋勇力争，不如用平和的心态去对待。

宽容是解除疙瘩的良药

一位成功人士说:"为竞争对手叫好,并不代表自己就是弱者。为对手叫好,非但不会损伤自尊心,相反还会收获友谊与合作。"为对手叫好是一种美德,你付出了赞美,得到的是感激。为对手叫好是一种智慧,因为你在欣赏他们的同时,也在不断提升和完善自我;为对手叫好是一种修养,为对手赞赏的过程,也是自己矫正自私与妒忌心理,从而培养大家风范的过程。美德、智慧、修养,是我们处世的资本。为对手叫好,是一种谋略,能做到放低姿态为对手叫好的,那他在做人做事上必定会成功。

古人说:"冤冤相报何时了,得饶人处且饶人。"这是一种宽容,一种博大的胸怀,一种不拘小节的潇洒,一种伟大的仁慈。自古至今,宽容被圣贤乃至平民百姓尊奉为做人的准则和信念,而已成为中华民族传统美德的一部分,并且视为育人律己的一条光辉典则。

在日常生活中,难免会发生这样的事:亲密无间的朋友,无意或有意做了伤害你的事,你是宽容他,还是从此分手,或待机报复?有句话叫"以牙还牙",分手或报复似乎更符合人的本能。但这样做了,怨会越结越深,仇会越积越多,真是冤冤相报何时了。如果你在切肤之痛后,采取别人难以想象的态度,宽容对方,表现出别人难以达到的襟怀,你的形象瞬间就会高大起来,你的宽宏大量、光明磊落使你的精神达到了一个新的境界,你的人格折射出高尚的光彩。宽容,作为一种美德受到了人们的推崇，作为一种人际交往的心理因素也越来越受到人们的重视和青睐。

二战期间，一支部队在森林中与敌军相遇，激战后两名战士与部队失去了联系。这两名战士来自同一个小镇。两人在森林中艰难跋涉，他们互相鼓励、互相安慰。十多天过去了，仍未与部队联系上。这一天，他们打死了一只鹿，依靠鹿肉又艰难度过了几天。可也许是战争使动物四散奔逃或被杀光，这以后他们再也没看到过任何动物。他们仅剩下的一点鹿肉，背在年轻战士的身上。这一天，他们在森林中又一次与敌人相遇。经过再一次激战，他们巧妙地避开了敌人。就在自以为已经安全时，只听一声枪响，走在前面的年轻战士中了一枪——幸亏伤在肩膀上！后面的士兵惶恐地跑了过来，他害怕得语无伦次，抱着战友的身体泪流不止，并赶快把自己的衬衣撕下包扎战友的伤口。晚上，未受伤的士兵一直念叨着母亲的名字，两眼直勾勾的。他们都以为他们熬不过这一关了。尽管饥饿难忍，可他们谁也没动身边的鹿肉。天知道他们是怎么过的那一夜。第二天，部队救出了他们。

事隔30年，那位受伤的战士安德森说："我知道谁开的那一枪，他就是我的战友。在他抱住我时，我碰到他发热的枪管。我怎么也不明白，他为什么对我开枪。但当晚我就宽容了他。我知道他想独吞我身上的鹿肉，我也知道他想为了他的母亲而活下来。此后30年，我假装根本不知道此事，也从不提及。战争太残酷了，他母亲还是没有等到他回来，我和他一起祭奠了老人家。那一天，他跪下来，请求我原谅他，我没让他说下去。我们又做了几十年的朋友，我宽容了他。"

即使一个非常宽容的人，也往往很难容忍别人对自己的恶意诽谤和致命的伤害。但唯有以德报怨，把伤害留给自己，才能赢得一个充满温馨的世界。释迦牟尼说："以恨对恨，恨永远存在；以爱对恨，恨自然消失。"

美国第三任总统杰斐逊与第二任总统亚当斯从恶交到宽恕，就是一个生动的例子。杰斐逊在就任前夕，到白宫去想告诉亚当斯说，他希望针锋相对的竞选活动并没有破坏他们之间的友谊。但据说杰斐逊还来不及开口,亚当斯便咆哮起来:"是你把我赶走的!是你把我赶走的!"从此两人没有交谈达数年之久。直到后来杰斐逊的几个邻居去探访亚当斯,这个坚强的老人仍在诉说那件难堪的事,但接着冲口说出:"我一直都喜欢杰斐逊,现在仍然喜欢他。"邻居把这话传给了杰斐逊,杰斐逊便请了一个彼此皆熟悉的朋友传话,让亚当斯也知道他的深重友情。后来,亚当斯回了一封信给他,两人从此开始了美国历史上最伟大的书信往来。

这个例子告诉我们,宽容是一种多么可贵的精神、高尚的人格。宽容意味理解和通融,是融合人际关系的催化剂,是友谊之桥的紧固剂。宽容还能将敌意化解为友谊。戴尔·卡耐基在电台上介绍《小妇人》的作者时,心不在焉地说错了地理位置。其中一位听众就写信来骂他,把他骂得体无完肤。他当时真想回信告诉她:"我虽然把区域位置说错了,但从来没有见过像你这么粗鲁无礼的女人。"但他控制了自己,没有向她回击,他鼓励自己将敌意化解为友谊。他自问:"如果我是她的话,可能也会像她一样愤怒吗?"他尽量站在她的立场上来思索这件事情。他打了个电话给她,再三向她承认错误并道歉。这位太太终于表达了对他的敬佩,希望能与他进一步深交。

宽容是解除疙瘩的最佳良药,宽广胸襟是交友的上乘之道,宽容能使你赢得朋友的友谊。退一步,海阔天空;忍一时,风平浪静。对于别人的过失,必要的指责无可厚非,但能以博大的胸怀去宽容别人,就会让世界变得更精彩。

宽容不仅是一种精神,也是一种高贵的品格。它不仅能化解矛盾,也能增进情谊。只有宽容地面对人生,人生才能宽容地面对你。

生活需要宽容

　　人在一生中，会受到很多委屈，会无故遭到很多责难。虽然当时会感到恼怒，感到不平，但是当你静下心仔细地想一想，就会发现，所有这些注定会随着岁月的流逝而灰飞烟灭，犹如你无法留住流星，也无法留住生命。因此，与其在受了委屈后怨恨不平，还不如坦然处之，将其当做昙花一现的东西，付之一笑，让时间与事实去评判。

　　有这样一个故事：一个少女被发现怀有身孕，在父母逼问下，少女说是镇上的一个牧师的。此牧师在当地德高望重，声誉极好，因此父母不信，而少女则一口咬定就是他。孩子出世后，这家人找到牧师，要求他领回孩子，牧师轻轻地说："噢，就是这样的吗？"便默默地接过了孩子。后来真相大白，孩子不是牧师的。于是，这家人又去要回孩子，牧师轻轻地说道："噢，就是这样吗？"默默地把孩子交给了少女。

　　被人无辜冤枉导致名声扫地，还能不动声色、安之若素，这需要博大的胸襟。面对自己一夜之间由口碑极佳的布道者变成了一个生活作风败坏的道貌岸然的伪君子，牧师选择了沉默。他完全能够为自己辩解，还自己清白的名声，但他没有辩白，开始没有，后来也没有。他的沉默是金，是极端的宽容与忍让，是超脱于世俗的博大的爱。

　　放眼芸芸众生，看到有人为了一件无关紧要的小事，为了一己私利，不依不饶，大动干戈；也有人为了别人无心的伤害斤斤计较，以牙还牙，甚至亲兄弟之间同室操戈。其实，这些闹剧的结局往往会是两败俱伤。所谓"大肚能容天下难容之事"，其实，人人都能做"大肚"之人，只要你挣脱"自我"的毒害，走出"自私"的阴影。

宽容忍让是一面镜子，它可以随时照出人的胸怀。得理不让人、睚眦必报的人只会照出其猥琐、丑陋与狰狞；只有胸怀宽广、心地坦荡地对人，镜子里才会有万朵莲花为你绽放。学会宽容，懂得忍让，人就会进入鸟语花香的新天地，就会觉得天是那么高远，地是那么广袤，一切都是那么可爱。时时宽容，常常忍让，人才会达到精神上的制高点而"一览众山小"，才会宠辱不惊，心境安宁。

有一位德高望重的长老，在寺院的高墙边发现了一把椅子，他知道有人从椅子上越墙到寺外，便搬走了椅子，自己坐在那里等候。午夜，外出的小和尚翻过墙，再跳到"椅子"上。落地后小和尚一看，才知道椅子已经变成了长老，他原来是跳在长老身上。小和尚仓皇离去，这以后一段日子里他惶恐地等候着长老的发落。但长老没提及这件事。小和尚从长老的宽容中得到启示，他收住了心再没有去翻墙，通过刻苦的修炼，成了寺院里的佼佼者。

有位老师发现一位学生上课时时常低着头画些什么。有一天他走过去拿起学生的画，发现画中的人物正是龇牙咧嘴的自己。老师没有发火，只是笑笑，要学生课后再加工，画得更神似一些。自此以后那位学生上课时再没有画画，各门课都学得不错。再后来他成为颇有造诣的漫画家。

通过上面的例子，我们不难发现，故事里的主人公后来之所以能有所作为，与当初长老、老师的宽容不无关系，可以说是宽容纠正了他们的人生之路。

宽容不仅需要"海量"，更需要一种修养促成的智慧。只有那些胸襟开阔的人才会自然而然地运用宽容。长老若搬去椅子对小和尚"杀一儆百"也没什么说不过去的，小和尚可能从此收敛，但绝不会认真反省，也就没有了以后的故事。同样，老师对学生的恶作剧通常是大发雷霆，继而是狠狠批评，但也因为方式太"平常"了，就很难取得"不平常"的效果。其实这都涉及一个管理心理的问题。所谓管理，说到底就是理顺人与人的对应关系，使管理者与被管理者之间达到和谐统一。

宽容不仅是一种胸怀，更是一种修养促成的智慧。事实上，只有那些胸襟开阔的人才会自然而然地运用宽容。

掌握分寸，找寻余地

在复杂的人际交往中，稍有不慎，就可能在无意之间伤害或得罪了人。当我们被人报复时，还不知道自己究竟犯了什么错，得罪了什么人。如果能够把握尺度，在解决问题的时候，给自己留条退路，往往会有意想不到的效果。那么，如何才能做到这一点呢？像庖丁解牛那样，掌握为人处世的"余地"，就可以游刃有余地处理好社会交往关系。

《庄子》记载了一则庖丁解牛的故事：一次魏王观看庖丁杀牛，只听见刀碰击骨头的声音，没多久一头牛就被分解完了。魏王不禁感叹："真是神乎其神啊。"庖丁放下刀对魏王说："大王刚才看到的不是杂技表演，而是道。我刚杀牛时，只见牛形；两年之后，不见牛形而只见其筋骨；如今我是用心感受它，就算筋骨相连的地方，我也能找到足够的缝隙下刀。一般的厨师一个月换一把刀，高手可以一年中不换一次刀。请看我这把刀，已用了十多年了，仍如新的一样，这是因为我懂得怎样于筋骨之处找到下刀的地方，薄薄的刀片就可以游刃有余地切割，当然就不会损坏刀了。"

庖丁的不损之刀，得益于他能看清骨节间的余地。我们如果能像庖丁解牛那样，充分掌握为人处世的余地，就可以游刃有余地处理好社会交际关系了。

留余地不是说将问题放下不加以解决，而是要将问题暂时搁置起来。这其实是解决问题的一种方法。如果事情在现阶段很难解决，大家争执不休，我们可以放它一段时间，寻找解决问题的最佳时机。当看到时机成熟时，抓住机会加以解决，这样才会有一个圆满的结局。留余地并不是放弃，而是在留下余地的同时寻找最佳的机会，这才是留余地的目的。其实留余地也不是一件简单的事情，而要看到问题的余地则更难，因为那需要人的一定的修养。人生下来就各有其个性，后来因为家庭背景、社会关系、个人知识、教养等诸方面的原因影响，而常常表现出与他人的不同和对立。对立双方，各执己见，问题就难以解决了。这时，最好的办法就是把问题搁置起来，留待更好的时机去解决。这就是所谓的"余地术"。

有涵养的人，他们胸怀宽广、待人诚恳，其修养使得他们知道在什么时候做出退让，以退为进，留余地其实就是要更加圆满地解决问题。那些无高深修养的人，常常为自己的私利而苦苦钻营，不愿做出一点点的让步，却不知道在自己做出退让的时候，其实是迈进了一大步。当然留余地不是一时半会就能做到的，看到问题的余地也需要长时间的磨炼。就像庖丁那样，刚开始的时候看到的是一整头牛，过一段时间牛的筋骨关节在哪里就已经了然于心了，最后则是很有把握地下刀，而刀刃一点也不磨损。我们学习留余地，找到余地，也是需要长期的观察和摸索的，是要付出努力的。

做事情要这样，解决人际关系时也要充分利用余地。人类社会充满了各种各样的矛盾，有时候这些矛盾会激化，让我们和别人发生冲突。这时当你看到大家各持己见，争执不下，事情难以解决，便主动地让一步，退避一时，等大家冷静下来时再去解决，这时你就会发现你们之间的矛盾并不是那么深，有时就是为了面子，为了一口气。在这时，留余地就是解决问题的最佳方案。人和人之间是没有什么解决不了的矛盾的，时间会让一切烟消云散。这是一个法则。

忍一时风平浪静，退一步海阔天空。留余地是一种很好的解决问题的方法，是一种"道"，而这道正是我们在现实生活中需要充分把握的。

掌握分寸，找寻余地，并不是放弃，而是在留下余地的同时寻找最佳的机会，这才是留余地的目的。

第七章

学会韬光养晦，暗储力量待崛起

> 韬光是指隐藏自己的光芒，养晦是指让自己处在一个相对不显眼的位置。这是一种优秀的策略，即是在准备不充分的时候隐藏起来积聚力量，等待崛起。

形势不利时学会隐忍不发

越是处于劣势，越是要积蓄力量，等待时机。因此，做大事业，得"狠"下工夫。即使是处于劣势，人们仍然会有求胜的策略。可是如果没有隐忍的功夫，就会过早暴露自己的意图。只有隐忍不发，见机而动，才可达一招制胜之功。

日本古代著名将领织田信长看似鲁莽，实则工于心计。在争战不已的诸雄面前，他尤其善于保存实力，等待时机。武田信玄在位时，势单力薄的织田信长自知不是其对手，因而对武田信玄百般屈从。他经常煞有介事地在武田信玄耳边私语道："我太钦慕你了，你真是古今无双的大英雄。"并一再表示"请您多多指点我这个晚辈"。武田信玄认为他是一个奴颜婢膝、胸无大志的小人，因而放松了对他的警惕。

武田信玄去世后，其子武田胜赖骄狂好战，攻取了织田信长的18个城寨。织田信长遭此欺凌，仍然装出一副委琐、不敢还击的样子。自然，织田信长绝非苟且偷安的平庸之辈。只是因为时机未到，不敢轻举妄动。他一面整军备战，蓄力以待；一面挑动武田胜赖与其他诸侯的矛盾，让他们相互厮杀，坐视着武田军队的消减衰弱。隐忍7年之后，他看到时机来了，才出兵讨伐武田胜赖，并一举成功。

蓄力以待，相机而行，是弱者战胜强者的一副良方。织田信长以无比的忍耐力，捕捉敌我势力消长之契机，才能成功。

公元1356年朱元璋攻占南京后，也正是采纳了谋士朱升的韬晦战略,"高筑墙,广积粮,缓称王",减少了敌人,发展了势力,终于成了明朝开国皇帝。古今中外英雄成功的历史说明,目标如果不在实力、威望达到适当程度时进行,只会招致失败。时机不成熟时,就必须以退为进,积蓄力量,等待时机。

但是,古往今来,在政坛、商界,各行各业,哪有人不明白"忍"功的重要,说起来容易,真正做到的很少,在紧要关头,偏偏忍不住,而是意气用事,则正应了"小不忍则乱大谋"这句话。相反,能忍得住,也能狠得下心委屈自己,那自然稳操胜券了。

要真正做到隐忍不发的另外一个本事则在于一个"静"字。诸葛亮说的"静以修身,俭以养德"是非常有道理的。这种"静",使得人少私心,去贪欲,不谋一己私利,所以不急功近利,宠辱不惊,能对大事冷静合理地观察判断,因而站得高,看得远,想得深。好比下棋,如果比对手多看很多以后的走势变化,哪有不赢棋的道理。

单凭一个"忍"字,人们的运筹未必能达到目标,必须加上"静"字。没有"静"的修为,人会在自我的欲望面前膨胀,只贪图一时痛快而迷失自我,忘记自己弱者的地位和前进的方向,并导致失败。老子说:"弱者,道之用。"老子主张以弱守寡,是循机导势的重要前提,是从自然与人生的行进道理中总结出来的。这种功夫,不仅仅是"术"的粗浅层次。弱者,道之用,能融会贯通这至深道理的人,涵养功夫必须达到"道"的境界。达到这种境界才是真正的高人。

所以,以至诚、无私之心做事待人,像老子所说的"致处极,守静笃",不断提升自己。虽"忍"不阴,虽"狠"不毒。运用奇谋,因势利导,只让人感叹智计之巧妙,不致使人们产生阴险狡诈的感觉。这里面的学问,幻化无穷,但是基本精神,一脉相承。袭珍珠港,美军毫无防备,结果太平洋舰队几乎全军覆没。而日本当时胜算可谓极小,却仍然不顾一切地发动战争,其后果当然可想而知了。日本人自古以来便以此种冒险式的"玉碎战法"而自我炫耀。

这种倾向在其现代企业经营策略之中亦极明显。的确,从某个角度来看，这种积极果敢的经营形态是造就日本经济繁荣的因素之一，但是这种做法虽然适用于基础的建立，却难以持续发展下去，没有把握的战争不可能一直侥幸获胜，终究会碰到难以克服的障碍。因此，当我们要开创事业，或者拓展业务时，最好还是有制胜的把握再动手。

在任何时代、任何国家，有资格被尊为"名将"的人，都有个大原则，即不勉强应战，或者发动毫无胜算的战争。如三国时的曹操便是例子。他的作战方式被誉为"军无幸胜"。所谓的幸胜便是侥幸获胜，即依赖敌人的疏忽而获胜。实际上，曹操的制胜手段确实掌握相当的胜算，依照作战计划一步一步地进行，稳稳当当地获取胜利。

中国历史上的诸葛亮和世界历史上的凯撒大帝等人，均是善于运筹帷幄，才建立了不朽的功勋。虽说把握胜算，然而经济活动是人与人之间的战争，所以不可能有完全的胜算。因为其中包含着许多人为的因素，诸如情感因素在内，无法确实地掌握。不过，至少要有七成以上的胜算，才可进行计划。而要做到有把握，就必须知彼知己。孙子说："不知知己者明，知人者智。善于察言观色的人，能避免很多不必要的麻烦。我们讨厌八面玲珑、见风使舵的人，但当生存成为一场没有硝烟的战争时，对环境的变化、对人情世故的变化作出适当的反映还是应该的和可行的。

在现代社会中，人际交往越来越复杂，如果你想在社会上拼杀一番，想有所成就，就不得不做个善于察言观色的人，充分掌握周围人的人情变化。当然，我们了解人情变化不是为了刺探别人，窥探别人的秘密，而是为了了解人与人之间，尤其是自我与他人之间关系的变化，使自己处在有利的形势下。人性似乎是永恒的，但有时它的表现却是千变万化，难以捉摸。而人情的阴晴风雨变化，比热带雨林的变化还要剧烈。只不过这些变化既无声又无形。因此对人情反应迟钝免不了要吃一些亏。所以，身处这个社会之中，对人情的变化不能不加以注意，如此才能进退有据。所谓人情，简言之就是人之常情。常情就是喜怒哀乐与好恶。要了解一个人的喜怒哀乐与好恶不难，难的是当这些人情发生变化时，你从何得知，老于世故的人不会把人情的变化说出来，也不会摆在脸上。

第七章　学会韬光养晦，暗储力量待崛起

你以为他还是像以前那般，可是真正接触之后，才发觉不是那么回事。要不就是如坠雾里，弄不清是怎么回事。这倒也不是老于世故的人喜欢故弄玄虚，而是他们熟知人性的游戏规则，必须站稳自己的立场，先得保护自己，所以才不得不让他人猜哑谜。难道人情变化就这么难以捉摸？人情变化是有迹可探的，只要我们细心加以注意就可以掌握其中的奥妙。一般说来，方法有下：

　　先进行细致的观察，观察其平常的言语及行为，这些资料经大量累计之后，自然可理出对方若干思维模式及行为格式。当发觉对方的言行有了异常，如由近而疏，由热而冷，由疏而亲，或由冷而热时，就可以了解事有蹊跷。接下来要小心求证，以免判断失误。求证的方法很多，可开门见山，可旁敲侧击，也可迂回向第三者进行了解。至于采用哪种方法，要看事件的重要性、你的目的及你和对方的关系。不过一般来说，开门见山应尽量避免使用，因为你无法预测对方的反应，有时会把事情弄得无法解决，使得双方产生误会。因此我们采取的方法最好是能迂回尽量迂回，能旁敲侧击则尽量旁敲侧击，这样才能使事情圆满解决。我们时时刻刻要牢记，了解人情变化的目的不是为了刺探别人，窥探别人的秘密，而是为了了解人与人之间关系的变化，使自己处在有利的形势下，作出合适的反应。如果你怀着窥探别人秘密的心态去察言观色，那么你就会被认为是心怀叵测，反而处处被人提防，使自己处在被动尴尬的地位。你不但不能掌握机会，也不能保护自己免受伤害，很可能在人生的旅途上，成为落败者。

　　另外还有一点很重要，了解人情的变化，可用来检讨自己的处世方法。因为人情的变化并不完全是对方因素，有时仅仅是你的行为所起的反应，并不见得含有心机，你若不能及时修正你的作为，很可能就会失败，失去机会。

　　当然，做个迟钝者也无不可，所谓大智若愚，只要你没有想做一番大事业的想法与欲望，只想平平淡淡地过日子，那么就没有必要那么辛苦地去察言观色，在这方面花费很多的心思。如果你想有所成就，那么作为一个不了解人情的迟钝者，你是不会有太多的机会获得成功的。成功属于那些掌握人情世故的变化并能及时作出反应的人。我们周围的一切都在发生翻天覆地的变化，受环境变化的影响，人们的喜怒哀乐也被其所影响发生着相应的变化，因此必须要掌握人情的变化，作出自己的反应。我们讨厌八面玲珑、见风使舵的人，但当生存成为一场没有硝烟的战争时，对环境的变化、对人情世故的变化作出适当的反应还是应该的和可行的。这是个需要人们跟上它的发展与变化节奏的时代，落伍者必将淘汰。

评语

越是处于劣势，越是要积蓄力量，等待时机。蓄力以待，相机而行，是弱者战胜强者的良方。只有用无比的忍耐力，才能捕捉敌我势力消长的机会，等待崛起。

第七章　学会韬光养晦，暗储力量待崛起

藏锋露拙，匿其锐示其弱

夸耀刀剑之锐利，别人必惧其锐利而远避，或尽可能使刀剑变成锯条。显示自己的聪明，别人必恐你的聪明来害人，并希望你变成傻子。

高明的人待人处世，特别注意藏锋露拙，匿锐示弱。这里所说的藏锋露拙、匿锐示弱，并非是要人们埋没自己的才能，而是为了保护自己，不招致祸端，从而更好地发挥自己的才能和专长。追求卓越和超凡出众，本身是一种积极的人生态度。但一味孤芳自赏，无视周围环境，就会与人格格不入，招人厌恶。

战国末期，韩国贵族韩非（约前286～前233年）与吴起、商鞅的政治思想一致，著书立说，鼓吹社会变革。他的著作流传到秦国，被秦王嬴政（即后来的秦始皇）看到，极为赞赏，设法邀请他到秦国。但韩非才高招忌，入秦后，还未受到重用，就被李斯等人诬陷，屈死狱中。宏图未展身先死，纵使有满腹经纶又有何用？如果韩非不是招摇才华，而是谦卑抱朴，等待时机，或另待明主，或婉转上奏，使自己的政治抱负得以施展，相信他并非仅仅就是一个思想家，同时又会成为一代名臣巨相，而不会是一个悲剧人物。

有一句成语叫"锋芒毕露"。锋芒本是刀剑的尖端，它比喻显露出来的才干。古人认为，一个人若无锋芒，那就是提不起来，所以有锋芒是好事，是事业成功的基础，在适当的场合显露一下既有必要，也是应当。然而，锋芒可以刺伤别人，也会刺伤自己，运用起来应小心翼翼，平时应插在剑鞘中。所谓物极必反,过分外露自己的才华只会导致自己的失败。尤其对做大事业的人来说,锋芒毕露既不能达到事业成功的目的,又失去了身家性命。所以,有才华的人应该隐而不露,该装糊涂时一定要装糊涂,待机而行动。

杜祁公有一个学生做县官,祁公告诫他说:"以你的才华和学问,当一个县官是不够你施展作为的。但你一定要积存隐蔽,不能露出锋芒,要以中庸之道治理县政,求得和谐安定。不这样的话,对做事没有好处,只会招惹祸端。"他的学生说:"你一生因为正直忠信被天下尊重,现在却教我这些是什么原因呢?"杜祁公说:"我为官多年,做了许多职位,对上被皇帝知道,对下又被朝廷的官员相信,所以能抒发志向。现在你当县令,什么事情都会发生,牵涉到上下官吏,那县令可不是好当的,如果你不被别人了解,你怎么能施展你的抱负呢?只会惹来灾祸罢了。这就是我要告诉你不方不圆,在中庸之道中求得和谐的这些话的原因啊!"

洪应明的《菜根谭》中有一句话:"矜名不若逃名趣,练事何如省事闲。"这句话的意思是说:一个喜欢夸耀自己名声的人,倒不如避讳自己的名声显得更高明;一个潜心研究事物的人,倒不如什么也不做来得更安闲。这正是"隐者高明,省事平安"之谓。

真醉和装醉是完全不同的两种情况。玩"醉拳"的,是"形醉而神不醉"。"醉"是"醉"在"虚"处,是迷惑对手;而"拳"却击在"实"处,招招乃致命杀手。看电视连续剧《水浒传》的人都极喜武松"醉"打蒋门神的精彩片段:武松手握酒杯,身子东倒西歪,步履轻飘虚浮。蒋门神于漫不经心之际,鼻梁突着一拳,尚未回过神来,眼额又遭一腿。当其终于醒悟这绝非是酒鬼的"歪打正着"之时,其身已受重创而无还手之力了。这就是所谓"醉拳",乃武术中一高难度拳术,委实厉害!

《红楼梦》中的薛宝钗,其待人接物极有讲究,且善于从小事做起:元春省亲与众人共叙同乐之时,制一灯谜,令宝玉及众裙钗粉黛们去猜。黛玉、湘云一干人等一猜就中,眉宇之间甚为不屑;而宝钗对这"并无甚新奇""一见就猜着"的谜语,却"口中少不得称赞,只说难猜,故意寻思"。有专家一语破的:此谓之"装愚守拙",实为"好风凭借力,送我上青云"之高招。

"醉拳"之厉害,在于一个"装醉"。表面上看来跌跌撞撞,踉踉跄跄,不堪一击;而其醉醺醺之中却杀机暗藏,就在你麻痹大意之时,却挨上了"醉鬼"的狠招。愚者和装愚者是迥然相异的两种人。装愚的,是"外愚而内不愚","愚"是"愚"在皮毛小事,无关宏旨,无关大局,而"精"却"精"在节骨眼上,事关一生命运。

在政治风云中,当危险要落到自己头上时,通过装傻,还可以达到逃避危难、保全自身的目的。公元239年,魏少帝曹芳被曹爽控制,架空了司马懿的兵权。司马懿虽然甚为不满,但一时又无能为力。为了免遭曹爽的再度加害,同时也为了隐蔽自己,以待时机,司马懿告病居家,不问朝政。一日,曹爽派心腹李胜去探视司马懿,以查虚实。司马懿也知道曹爽的用意。因此,当李胜来到时,只见司马懿躺在床上,两个侍士正在喂他喝粥,米粥洒满了前胸。李胜与他说话时,司马懿故意做出气喘吁吁的样子,话也听不明,说也说不清。李胜回去后,详细报告给曹爽,并说:"司马公不过是尚有余气的尸体而已,形神已离,大人不必再对他有何顾虑了。"曹爽最感棘手的就是司马懿,听到他不会久留于人世,心中无比高兴和放心,在朝中更加肆无忌惮了。司马懿则加紧秘密组织力量,成功地打了一次"醉拳"。

公元249年正月,**魏少帝曹芳拜谒高平陵,曹爽兄弟与其亲信皆随**同前往。司马懿乘机发动兵变,废免了曹爽兄弟,不久将其全部处死。

才华不可外露。装愚伪拙、形醉而神不醉之人,必深明韬光养晦之道,避免招致世俗小人的嫉恨,而使事业一帆风顺地发展下去。

尽掩峥嵘，真人不露相

学本事的目的是为了"不鸣则已，一鸣惊人"。真本事不外露是不到外露的时机，所谓"不露"不过是待价而沽，在寻求更好的"买主"。

在我国古典文学名著《三国演义》中，有一个描写当时名士庞统（号称凤雏）不露真本事、待价而沽的故事。

三国时期，流传有"卧龙、凤雏得一人而安天下"的说法。即是说，魏、蜀、吴三国，不论哪个国家得到卧龙或凤雏其中一人即可夺得天下，可见凤雏先生的本事是非同寻常的。但是庞统生得怪异，不太招人喜欢，吴国孙权没有留用他，他就去蜀国投奔刘备。此时庞统怀揣孔明的推荐信，如果庞统见到刘备呈上孔明的信件，定会得到重用。但庞统初见刘备时并没有呈上这封信，只是以一个平常谋职者的身份求见，因此，刘备也未重用他，只是让他去治理一个小县。身怀治国安邦之才的庞统没有拒绝这个一般人瞧不起的职位。他这样做，是他不想施展自己的雄才大略吗？不是。他深知，靠人推荐不足以服众，他要在该露脸的时候才露脸。

果然，当刘备对他所管辖的宋阳县的政务产生质疑时，他当着刘备的心腹、爱弟张飞的面，将一百多天积累的公案，不到半日即处理得干净利索，曲直分明，令人心服口服，使张飞大为惊讶。刘备听到张飞的禀报后，对庞统的才华能不暗自佩服吗？庞统适时地不露真本事，低姿态入场，在可以一显身手的时候，才将自己"卖了"个好价钱——副军师中耶将。

　　具有高深才德的人，最聪明的处世办法就是不要锋芒太露。可是很多人不明白这其中的道理，尤其是一般奋发有为、力争上游的青年，往往会由于在团体中表现得太拔尖、太露骨，而遭受一些小人的嫉恨，于是陷入了"众口铄金"的被动境地。可见，该藏则藏，该露则露，是一门高深的处世学问。

　　一个人无论才能有多高，都要善于隐匿，即表面上看似没有，实则充满。

隐藏锋芒，静观风云变幻

第七章 学会韬光养晦，暗储力量待崛起

社会是很复杂的，一方面，它要求人们立世必须要有真本事；另一方面，有了真本事又不可轻易外露，一旦在不适当的时机和场合露出了自己的真本事，就可能遭人暗算，非但不能为自己带来好处，反而还会给自己招来灾祸。这是多么不值得的事情啊！所以，有了真本事不要到处张扬，要力求把绝技藏在怀里，不让别人识破，从而达到既能保全自己又能防范别人的目的。

将韬晦之术应用到最高统治阶层的是韩非子。他主张君主为了保身，绝不让臣子们看到真心，主张通过法制加强中央集权。从权臣们的发动政变到君主的防身之策，他都深有研究。《韩非子》中有许多关于君主统御术的记载，其中特别强调"君主不应把自己的真心爱憎公开化"。

《韩非子·二柄》中说："君主如果把自己的所憎所好都溢于言表的话，臣子们就会肆意在他面前显示或隐瞒什么。如果知道了君主的欲望，臣子们就会找到投机的机会。"君主如果喜怒不溢于言表，臣子们就会显出本色。这样，君主就不会被欺骗。

《韩非子·外储说》中说："一定要慎于言，否则就会被人看穿；一定要敏于事，不然就会盲从。如果你显示你有知识，别人就会隐藏起他的无知；要是让人知道了你无知，就会受骗。所以只有无为，方可察知对方。"

春秋时代，郑庄公就是利用这一韬略，粉碎了其弟共叔段妄图夺权

221

的阴谋。郑庄公是春秋时郑国国君，公元前743年至前701年在位。庄公之父为郑武公，其母为申侯之女武姜。庄公出生时难产，武姜受了惊吓，从此武姜就不喜欢庄公。但庄公多心计，善谋略，他继任国君后，郑国成为春秋初期最强盛的诸侯国之一。

郑庄公与其弟共叔段本是一母所生。其母因不喜欢庄公，多次在武公面前说次子共叔段是贤才，应立为继承人。武公不答应，仍立庄公为世子。姜氏一计未成，仍不甘心。她在庄公继任后，又逼庄公把京城（郑国邑）封给共叔段。共叔段在京城加强扩展自己的势力，与姜氏合谋，准备里应外合，袭郑篡权。

郑庄公深知自己嗣位是国母大为不悦之事，对姜氏与共叔段企图里应外合夺取政权的阴谋也清清楚楚。但他却不动声色，采取"知者不官"，"将欲夺之，必固与之"的计策。郑国大夫祭仲向他报告说："共叔段招兵买马，扩大城池，会给郑国带来麻烦。"庄公却回答说："这是国母的意思。"祭仲建议庄公先下手，他却说："你就等着吧。"共叔段又占领京城附近两座小城，郑大夫公子吕说："一个国家不能有两个国君，你想怎么办？如果你想把大权交给共叔段，我们就去当他的大臣；如果不打算交权，那就除掉他。不要使老百姓有二心。"庄公却假装生气，说："这事你不要管。"

郑庄公知道，过早动手，必遭外人议论，说他不孝不义。因而庄公故意让共叔段的阴谋继续暴露，一直到共叔段和姜氏密谋里应外合时，才命公子吕率军伐京城。

郑庄公的深藏不露，使共叔段得意忘形，也过低估计了郑庄公的本事，最后落得一个失败出逃的下场。

秘藏不露，君子若愚

第七章 学会韬光养晦，暗储力量待崛起

孔子年轻的时候，曾经受教于老子。当时老子曾对他讲："良贾深藏若虚，君子盛德容貌若愚。"即善于做生意的商人，总是隐藏其宝货，不令人轻易见之；而君子为人，品德高尚，但容貌却显得愚笨。其深意是告诫人们，过分炫耀自己的能力，将欲望或精力不加节制地滥用，是毫无益处的。中国旧时的店铺里，在店面是不陈列贵重货物的，店主们总是把它们收藏起来。只有遇到有钱又识货的人，才告诉他们好东西在里面。倘若随便将上等商品摆放在明面上，岂有贼不惦记之理？不仅是商品，人的才能也是如此。俗话说"满招损，谦受益"，才华出众而又喜欢自我炫耀的人，必然会招致别人的反感。所以，无论才能有多高，都要善于隐匿。

《庄子》一书中还指出，"安时而处顺，哀乐不能入也"。这句话的意思是，能够安于时代潮流，因袭自然法则的人，悲哀和欢乐就不会占据他的内心。这是一种自然的生活方式。有一些人为了出人头地，达到自己的目标，往往不顾一切，拼命去争取；而一旦遭到挫折或打击，往往会意志消沉，一蹶不振。

秘藏不露是一种高层次的谋略，也是成功者的基本素质之一，更是糊涂学必不可少的一个重要法则。

在生活中，我们不难发现，那些口若悬河、好出风头、心中藏不住半点秘密的人一定是非常浅薄的，时间长了，也令人反感乃至厌恶。相反，那些看来口齿笨拙或者总是隐藏自己才干的人，却往往成竹在胸，计谋过人，更容易成功。过去说"宰相肚里能撑船"，是说大人有大量。这大量也包括镇定自若，胸中自有百万雄兵，能藏得住秘密，不会显山露水。实际上，宰相肚里的船不会撑到外面去，心机只有自知。心里无论怎么计策谋划，表面上总是不动声色。等对手麻痹了，放松了，甚至高兴了，就可以悄无声息地随意处置对方。或者，至少让人相信你是一个诚实的人，不会陷害或攻击对方，让人对你产生好感。这是一种非凡的人格修养，也容易获得别人的信任。试想，如果你肚里什么都包藏不住，这边听了那边说，谁还会相信你呢？

秘藏不漏，君子若愚。过分炫耀自己的能力，将欲望或精力不加节制地滥用，是毫无益处的，只会招来祸患。

收敛个性，得意不忘形

个性十足容易吃亏上当，个性是每个人都具有的，人有个性才有魅力。个性表现得越充分，个人魅力也就越大。但是，不恰当地张扬个性，对人并非有益，尤其是在为人处世中，其危害更是巨大的。在人群中肆无忌惮地张扬自己的个性，就好比把肉放在砧板上，让人家想怎么剁就怎么剁。把自己暴露在你毫不知晓的各色人面前，既不知道他们是些什么人，也不知道他们怎么想，更不知道他们将会怎样做，如此也就把自己置身在别人的十面埋伏之中了。很多人不知道这种凶险和厉害，年轻人尤甚。他们喜欢我行我素，率性而为，极力标榜自己的个性，欲与他人不同，而且似乎生怕别人不知道他们身上那些很个性化的东西。这样，他们便把自己设计成了诸如嬉皮士、卡通等一样的人物。不过，并非全都如此得意，因个性十足而吃亏上当、遭人宰杀的比比皆是。

三国时的才子祢衡就是一例：祢衡年少才高，目空一切，二十多岁便名扬四方了，于是更加瞧不起那些所谓的名士权贵了，把他们视为酒囊饭袋，行尸走肉。

汉献帝初年间，孔融上书举荐祢衡，大将军曹操欲召见他。祢衡不知道天高地厚，见了曹操出言不逊。曹操心中很是不快，就随便给祢衡封了个击鼓的小吏来羞辱他。祢衡也因此更加记恨曹操。

一次，曹操大会宾客的时候，让祢衡穿鼓吏衣帽击鼓助乐。谁曾想，祢衡为了出气，竟当众裸身击鼓，以扫曹操等人的雅兴。曹操对之深以为恨，但他不愿杀祢衡而脏了自己的手，就把他转手送给了荆州牧刘表。到了荆州之后，祢衡还是一如既往地恃才傲物，很快也就得罪了刘表。刘表很聪明，也不杀祢衡，而是把他打发到江夏太守黄祖那里去。

祢衡在黄祖那里，仍是率性如前。一次，祢衡竟当众顶撞黄祖，骂他："死老头，你少啰嗦！"黄祖气极，一怒之下把他杀了。祢衡死时只有26岁。祢衡的杀身之灾，全因他的才气和性情所为。人有才情，本是天赐良物。祢衡却相反，恃才傲物，因情害事，不知天下大有人才，权柄重于才情，最终唐突权贵，以身涉险，终被人杀。这是极尽个性、才情而不得善终的一个典型事例。从祢衡只知个人率性，不知顾及他人来看，祢衡的才智是十分有限的。才智，除自身的才华、智慧外，也包括对他人和环境的审视、知晓、防范，以及利用。

从根本上说，社会是消磨个性的。跟他人在一起，要收敛个性，不要只图自己想干想说、好干好说，要多从他人角度，想想他人又会怎样想，他人又会怎样说，他人将要怎样做。这样才不会四面树敌，让自己丧于他人之灾的浪潮之中。

培根说："有些人在谈话方式上，只图博得机敏的虚名，却并非真心与别人讨论问题，仿佛语言形式比实质内容的价值还高；还有些人津津乐道于某种陈词滥调，其盛气凌人的程度令人生厌。这两种人一经识破，就难免成为笑柄。"培根所抨击的有些人，很难把老人包括进去。若用年龄来固定一下，在里面的大约百分之九十以上是未到不惑之年的人。血气方刚，夸夸其谈，哗众取宠，言过其实，这是某些青年人的"常见病"。如果你细心观察，就会发现在这种场合下，听众中反应最强烈的首先是老年人。有时从他们的表情上可以看出，他们对青年人这种"常见病"，简直深恶痛绝。

这就引出了我们所要说的话题：在老人面前，青年人应该控制自己个性中那些属于缺点的部分，不至于使这些令老人难以接受的"特点"，毫无顾忌地发挥。

历史上有这样一个故事，说来也很典型：据传，东汉时期有个叫陈蕃的年轻人。有一天他父亲的好友薛勤来访，见他独居一室，屋内杂乱，龌龊不堪。于是薛勤便问："孺子何不洒扫以待宾客？"陈蕃答道："大丈夫处世，当扫除天下，安事一屋乎？"薛勤反问一句："一屋不扫，何以扫天下？"薛勤的反问，明显地透出对陈蕃的自命不凡产生了反感。一个懒于或不屑于去"扫地"的人，真的会去"扫天下"吗？即使他真有这样的"意愿"与"壮志"，恐怕也只是水中月、镜中花而已。

在今天，像陈蕃这样在长辈面前故作惊人之语的青年人并不罕见，这怎么能使老人不反感？又怎么能沟通两代人的思想感情呢？因此说，我们鼓励"少年狂"，但最好不要"狂"到长辈的眼皮底下。

得意忘形，往往会目空一切，既容易得罪人，又容易让人反感。人际交往中，即使才华再高，也要记得收敛，不要得意忘形。

第七章 学会韬光养晦，暗储力量待崛起

切莫与他人强抢风头

　　年轻人充满了激情,更是容易冲动,对于未来理想的实现充满了极大的热情和期望,而且还急切地渴望得到周围人的肯定,这种种因素导致了年轻人总是喜欢在别人面前出风头。许多人也认为,只要有机会在别人面前显示自己的才能或者所拥有的东西,那么就能够引起他人的注意和肯定。

　　事实真如人们所想象的那样吗?也许那些经常在别人面前出尽风头的人物可以达到引起他人注意的目的,至于能否因此而得到他人的肯定,那就另当别论了。可以试想一下,如果我们身边有这样一种人:他总是喜欢抢别人的风头,而且一有机会出风头,他(她)就当仁不让。具有这种特征的人,除非他做不出任何成绩,只要他取得一丁点儿成绩,肯定就会四处炫耀。对于这种人,我们是否会喜欢他呢?我们是否愿意主动去肯定他们做出的成绩呢?可以相信,对于这种人,我们大多会避之唯恐不及,因为与这样的人在一起,我们恐怕很难有机会表现自己。

　　推己及人,既然我们自己不喜欢别人在我们身边经常出风头,那我们在为人处世时就必须合理地控制自己要出风头的欲望。有人认为,现代人都比较注重个性与才华的展现,如果我们不出风头,自然会有别人出风头,自己岂不是会白白错过许多表现自己的机会。如果不掌握住这些机会,那么我们将如何赢得别人的肯定与赞赏?又如何获得他人的尊重?在这里,我们有必要强调一点:合理控制自己出风头的欲望,并非是要求我们凡事都退居幕后，更不是毫无原则地把原本属于自己的种种机会拱手让给别人。我们所说的合理控制自己要出风头的欲望，是要我们拥有开阔的胸襟和睿智的眼光，凡事不要只考虑自己，更不要只考虑眼前。事实上，逞一时口舌之快，或者凡事都喜欢在别人面前抢出风头，非但不会使我们达到受人尊重与肯定的目的，反而还会使我们成为不受大家欢迎的人。倘若你果真做出了令人瞩目的成就，那么不用你去刻意表现，别人自然会对你刮目相看。

切忌与他人强抢风头。虽然我们的内心的的确确具有强烈的、希望受到周围人重视的欲望，可是我们也要清楚，除了我们自己，我们周围的其他人同样具有这种强烈的、希望受到周围人重视的期望。因此，当我们急于站在人前表现自己的时候，我们应该能够想到，也许我们周围那个看起来毫不起眼的人对这种自我表现有着更高的期望，或者那个人更需要这种展现自身才华的机会。一旦我们在适当的时候给了他人实现自身期望的机会，相信我们的善意一定会被他们所感知，将来当我们更需要这样的机会时，他们一定也会给我们必要的帮助。

为人处世中，要合理地控制想要风头的欲望。我们要用开阔的胸襟和睿智的眼光看待问题，凡事不要只考虑自己，更不要只考虑眼前利益。

锋芒太盛易夭折

《庄子》中有一句话叫"直木先伐，甘井先竭"。还有一句古话，叫"木秀于林，风必摧之"。树木长得比林中大多数的树都高了，劲风就会将其折断。

隋唐著名才子薛道衡，13岁时就能讲《左氏春秋传》，隋高祖时，做内史侍郎。大业五年，被召进京，当时已是自负才气的隋炀帝杨广在位，薛道衡为了显示自己文章水平，呈上了《高祖颂》。炀帝看了就很不高兴，说："这只是文辞漂亮而已。"有一次，炀帝与下臣谈天，说自己才高八斗，傲视天下文士。御史大夫乘机说薛道衡自负才气，不听训示，有无君之心。于是炀帝便下令把薛绞死了。看来，薛道衡由于不懂得深藏不露、明哲保身，得罪了不少人。因为锋芒太露而把人得罪光了，薛道衡算得上是一个典型。

正如英国19世纪政治家查士德斐尔爵士对他的儿子所说："要比别人聪明，如果可能的话；但不要告诉人家你比他聪明。"

郭解就是一个很能藏锋露拙、大智若愚的人物。在洛阳有一位男子因与人结怨而处境困难，许多人出面当和事佬，但对方一句话也听不进去，最后只好请郭解出面为他们排解这场纠纷。郭解晚上悄悄造访对方，热心地进行劝服，对方就逐渐让步了。这时候如果是一般人，一定会为自己的成功而沾沾自喜，急于示人，但郭解不同。他对那位接受劝解的人说："我听说你对前几次的调解都不肯接受，这次很荣幸能接受我的调解。但是，我作为一个外地人却压倒本地有名望的人，成功地调解了你们的纠纷，实在是有违常理。因此，我希望你这次就当我是调解失败，等到我回去，再由当地有威望的人来调解时才接受，怎么样？"郭解的做法异于常人，但却是一种使自己免遭众人嫉恨的明智之举，既保护了自己，又留下了为人称道的美名。谁又能说郭解不是大智慧者呢？那些极力显示自己才能的人，不过是要小聪明罢了。要小聪明的人有一点就是工于心计，为了满足自己某方面的欲念，成天谋算他人。比如《三国》里的那个周瑜，总嫉恨着诸葛亮，用了不少方法去难为他，结果自己倒是"赔了夫人又折兵"，被天下人耻笑。

正如洪应明在《菜根谭》一书中所说："藏巧于拙，用晦而明，寓清于浊，以屈为伸，真涉世之一壶，藏身之三窟也。"以上举的例子，都说明做人宁可显得笨拙一些，也不可显得太聪明；宁可收敛一下，也不可锋芒毕露；宁可随和一点，也不可自命清高；宁可退缩一点，也不可太积极前进。这就是做人难得糊涂的一大法宝。

俗话说得好，枪打出头鸟。一个人若是光芒太大，必遭人妒忌。做人要懂得糊涂，处世要随和，避免锋芒毕露。

脚踏实地，注重细节

成功是由一点一滴积累而成的。看不到细节，或者不把细节当回事的人，对工作缺乏认真的态度，对事情只能是敷衍了事。而注重细节的人，不仅认真地对待工作，将小事做细，并且能在做细的过程中找到机会，从而使自己走上成功之路。

希尔顿饭店的创始人、世界旅馆业之王康拉德·希尔顿就是一个"小事"的人。康拉德·希尔顿这样要求他的员工："大家牢记，万万不可把我们心里的愁云摆在脸上！无论饭店本身遭到何等的困难，希尔顿服务员脸上的微笑永远是顾客的阳光。"正是这小小的永远的微笑，让希尔顿饭店的身影遍布世界各地。

其实，每个人所做的工作，都是由一件件小事构成的。也许你每天的工作就是接听电话、报表、绘制图纸之类的小事。你是否对此感到厌倦、因毫无意义而提不起精神？你是否因此而敷衍应付，心里有了懈怠的情绪。请记住：这就是你的工作，工作中无小事。要想把每一件事做到完美，就必须付出你的热情和努力。

在美国标准石油公司，有一位小职员阿基勃特。他在出差住旅馆的时候，总是在自己签名的下方，写上"每桶4美元的标准石油"的字样。在书信及收据上也不例外，签了名，就一定写上那几个字。他因此被同事叫做"每桶4美元"，而他的真名倒没有人叫了。公司董事长洛克菲勒知道这件事后说："竟有职员如此努力宣扬公司的声誉，我要见见他。"

于是邀请阿基勃特共进晚餐。后来，洛克菲勒卸任，阿基勃特成了第二任董事长。在签名的时候写上"每桶4美元的标准石油"，这算不算是小事儿？严格说来，这件小事还不在阿基勃特的工作范围之内。但阿基勃特做了，并坚持把这件小事做到了极致。在那些嘲笑他的人中，肯定有不少人才华、能力在他之上，可是最后，只有他成了董事长。

人们总是因为事小而不愿去做，或抱有一种轻视的态度。有这样一个故事，据说在开学第一天，苏格拉底对他的学生说："今天咱们只做一件事，每个人尽量把手臂往前甩，然后再往后甩。"说着，他做了一遍示范。"从今天开始，每天做300下，大家能做到吗？"学生们都笑了。这么简单的事，谁做不到？可是一年之后，苏格拉底再问的时候，全班却只有一个学生坚持了下来。这个人就是后来的大哲学家柏拉图。

"这么简单的事儿，谁做不到呀？"这正是许多人的心态。但是，请看看吧，所有的成功者，他们与我们都做着同样简单的小事，唯一的区别就是：他们从不认为自己所做的事是简单的小事。

生活其实就是由一些小得不能再小的事情构成的，可我们总是倾心于远大的理想和宏伟的目标，总觉得那些微不足道的小事不过是秋天飘落的一片片树叶。我们总是忽略了不该忽略的小事情、小细节，而在"大事情"接踵而至时却穷于应付。

也许仅仅一次的失误，就会让你与成功失之交臂。若想成功，精益求精、认真细致是良方。精益求精是每一位老板都十分看重的职业精神。如果一名员工不能认真对待自己的工作，在工作中做不到精益求精，那么他就不可能是一个尽职尽责的员工。

一位企业经营者说过："如今的消费者是拿着'显微镜'来审视每一件产品和提供产品的企业。在残酷的市场竞争中，能够获得较宽松的生存空间的企业，不是'合格'的企业，也不是'优秀'的企业，而是'非常优秀'的企业。你要求自己的标准，必须远远高于市场对你要求的标准，才可能被市场认可。"

美国一家公司在韩国订购了一批价格昂贵的玻璃杯，为此美国公司

第七章　学会韬光养晦，暗储力量待崛起

专门派了一位官员来监督生产。到韩国以后，他发现，这家玻璃厂的技术水平和生产质量都是世界第一流的，生产的产品几乎完美无缺。一天，他无意中来到生产车间，发现工人们正从生产线上挑出一部分杯子放在旁边。他上去仔细看了一下，并没有发现两种杯子有什么差别，就奇怪地问："挑出来的杯子是干什么用的？"

"那是不合格的次品。"工人一边工作一边回答。

"可是我并没有发现它和其他杯子有什么不同啊？"美方官员不解地问。

"你看，这里多了一个小的气泡，说明杯子在制造的过程中漏进了空气。"

"可是那并不影响使用啊？"

工人很自然地回答："我们既然工作，就一定要做到最好。任何缺点，哪怕是客户看不出来的，对于我们来说，也是不允许的。"

"那么这些次品一般能卖多少钱？"

"10美分左右吧。"

当天晚上，这位美国官员给总部写信汇报："一个完全合乎我们的检验和使用标准的价值5美元的杯子，在这里却被在无人监督的情况下用几乎苛刻的标准挑选出来，只卖10美分。这样的员工堪称典范。这样的企业又有什么不可以信任的？我建议公司马上与该企业签订长期的供销合同，我也没有待在这里的必要了。"

每一家公司要在竞争中取胜，都必须设法先使每个员工在工作中精益求精。只有这样，才能生产出让顾客满意的产品，才能为企业创造长久的效益，才能保证企业持续地发展。

与此同时，精益求精是一种管理方法，强调以最小的投入来满足客户的需求，在最短的时间内取得最大的回报。这套方法在日本的丰田汽车公司已经取得了成功。短短二三十年时间里，丰田已经成为世界上优秀的汽车公司，但是它并没有匆忙地让自己成为销售额世界第一。

我们要获得成功，就应当养成认真细致的工作作风，为自己的工作制定严格的标准，要自觉地由被动管理到主动工作，让规章制度成为自己的自觉行为，把事故苗头消灭在萌芽之中。

连锁企业"帝国"沃尔玛的成功经验很多，但其重要一点就是精益求精。沃尔玛主要经营的是各种"百姓商品"。除了低价外，还有一个引人注目的特点，就是提供"可能的最佳服务"。为了实现这一点，公司制定了一系列具有可行性和操作性的管理规则，有的规则近乎达到了苛刻、完美的程度。比如，要求职员保证做到"当顾客走到距离你十英尺的范围内时，要温和地看着他的眼睛，向他打招呼并亲切地询问是否需要帮助"；对顾客微笑时"露出八颗牙齿"，因为露出八颗牙齿微笑让人感到最真诚，最亲切。"十英尺态度"和"八颗牙微笑"体现了沃尔玛服务精益求精的精神。

随着买方市场的日益成型，消费者需求导向的时代逐步到来，消费者对商品和服务的品质及品质以外的其他各种要求也越来越苛刻。消费者需求的精益求精呼唤服务的精化、细化。服务越精细，就越能迎合消费者的心理要求，因而也就越能赢得消费者的青睐。

欲速则不达，脚踏实地，方能成大事。成功是靠一步步积累而来的，不要妄想一步登天。"海不择细流，故能成其大；山不拒细壤，方能就其高"，说的是细小事物的巨大力量，细节决定成败，要认真对待细节。

能决善断才能成事

《孙子兵法》中说:"多算胜,少算不胜,由此观之,胜负见矣。"这里的"算"是指"胜算",也就是制胜的把握。胜算较大的一方多半会获胜,而胜算较小的一方则难免见负,又何况是毫无胜算的战争更不可能获胜了。

战术要依情势的变化而定,整个战争的大局,必须要有事先充分的计划,战前的胜算多,才会获胜,胜算小则不易胜利,这是显而易见的道理。如果没有胜算就与敌人作战,那简直是失策。因此,若居于劣势,则不妨先行撤退,待敌人有可乘之机时再作打算。无视对手的实力,强行进攻,无异于自取灭亡。

《孙子兵法》在此处所表达的意思,凡事不要太过乐观,一旦大意轻敌,将陷入无法收拾的可悲境地。这个道理在中外历史上屡屡应验。如日本在第二次世界大战时偷袭珍珠港,美军毫无防备,结果太平洋舰队几乎全军覆没。而日本当时胜算极小,却仍然不顾一切地发动战争,其后果当然可想而知了。日本人自古以来便以此种冒险式的"玉碎战法"而自我炫耀。

这种倾向在日本的现代企业的经营策略之中亦极明显。的确,从某个角度来看,这种积极果敢的经营形态是造就日本经济繁荣的因素之一,但是这种做法虽然适用于基础的建立,却难以持续发展下去。没有把握的战争不可能一直侥幸获胜,终究会碰到难以克服的障碍。因此,当我们要开创事业，或者拓展业务时，最好还是有制胜的把握时再动手。

在任何时代任何国家，有资格被尊为"名将"的人，都有个大原则，即不勉强应战，或者发动毫无胜算的战争。如三国时的曹操便是一例。他的作战方式被誉为"军无幸胜"。所谓的幸胜便是侥幸获胜，即依赖敌人的疏忽而获胜。实际上，曹操的制胜手段确实掌握相当的胜算，依照作战计划一步一步地进行，稳稳当当地获取胜利。世界历史上的恺撒大帝，善于运筹帷幄，才建立了不朽的功勋。

虽说把握胜算，然而经济活动是人与人之间的战争，所以不可能有完全的胜算。因为其中包含着许多人为的因素，诸如情感因素在内，无法确实地掌握。不过，至少要有七成以上的胜算，才可进行计划。而要做到有把握，就必须知彼知己。孙子说："不知彼而知己，一胜一负；不知彼，不知己，每战必败。"这句话虽然很容易理解，实际做起来却颇难。处于现代社会中的人，均应以此话来时时提醒自己，无论做何种事均应做好事前的调查工作，确实客观地认清双方的具体情况，才能获胜。

人生有时候还是需要运用"不败"的战术来稳固现况。就像打球一样，即使我方遥遥领先，仍需奋力前进，掌握得分的机会。荀子说："无急胜而忘败。"即在胜利的时候，别忘了失败的滋味。有的人在胜利的情况下得意忘形，麻痹大意，结果铸成大错。需知"祸兮福之所倚，福兮祸之所伏"。在任何情况下，都要预先设想万一失败的情况，事先准备好应对之策。对于企业经营来讲，一个企业在从事经营时，必须事先设想做最坏的打算，拟好对策，务必使损失减至最低。如此一来，即使失败了也不会有致命的伤害。这一点至关重要。就个人来讲，如果有了心理上的准备，情绪上就会放松，遇到问题也会从容不迫地解决。

遇事犹豫不决或仓促、盲目做决定都是做事情的大忌。只有客观地了解认清对方的实力，再下决策才能获胜。

抓住机遇，柳暗花明又一村

期盼机遇是每个渴望成才的人的共同心理，但是，并非人人都有抓住机遇的能力。机遇总是给些有准备的人。个人只有在确定了人生的奋斗目标，并在奋斗中积累经验，锻炼魄力，练就敏锐的眼光，才有可能抓住稍纵即逝的机遇，并以之为阶梯，登上成功的顶峰。

生活中，常常有些人抱怨自己"生不逢时""怀才不遇"。其实，机遇对每个人几乎都是平等的。关键在于你有没有抓住机遇的能力。有一句格言说得好："幸运之神会光顾世界上的每一个人，但如果她发现这个人并没有准备好迎接她，她就会从大门里走进来，然后从窗子里飞出去。"

从前，有一个人站在山这边，他盼望着能有一条绳索从天而降，让他抓住绳索荡到山对面去。一天终于有一条绳索荡过来，可他抓的时候，却因臂力不够，荡到山中间时，摔下了万丈深渊。

翻开人类奋斗的史册，我们可以看到，有的人因为抓住了机遇而"柳暗花明"，从而摘取成功的桂冠；有的人因为与机遇擦肩而过，从而"山穷水尽"；有人甚至为错过机遇而抱憾终生。机遇对于成功者来说是何等宝贵！但机遇从来就垂青有准备的人。别涅迪克博士是法国一家化学研究所的高级研究员。一次，在实验室里，他准备将一种溶液倒入烧瓶，一不小心，烧瓶"咣当"掉在了地上。别涅迪克博士有些懊恼。然而，烧瓶并没有破碎，于是他弯下腰捡起烧瓶仔细观察。这只烧瓶和其他烧瓶一样普通，以前也曾有烧瓶掉在地上，但无一例外全都破成了碎片，为什么这只烧瓶仅有几道裂痕而没有破碎呢？别涅迪克博士一时找不到答案，于是他就把这只烧瓶贴上标签，注明问题，保存起来。

不久后的一天，在别涅迪克博士走进实验室前，他看到一张报纸上报道说市区有两辆客车相撞，车上的多数乘客被挡风玻璃的碎片划伤，其中一辆车的司机被一块碎玻璃刺穿面部而进入口腔。别涅迪克博士一下子想到了那只裂而不碎的烧瓶。他走进实验室拿过那只烧瓶，发现那只烧瓶的瓶壁有一层透明薄膜。别涅迪克博士用刀片小心地取下一点进行化验。结果表明，这只烧瓶曾盛过一种叫硝酸纤维素的化学溶液，那层薄薄的膜就是这种溶液蒸发后残留下来的，遇空气后产生了反应，从而牢牢粘贴在瓶壁上起到保护作用。因为它无色透明，所以一点儿也不影响视觉。"如果这种溶液，用于汽车玻璃的生产中，以后再发生类似的交通事故，乘客的生命安全系数不是更有保障吗？"别涅迪克博士因为这个小小的发现而荣登"20世纪法国科学要突出贡献奖"的榜首。

我们常常慨叹没有机遇，但许多时候，机遇来临时并不是敲着锣、打着鼓，而是悄悄从我们身边溜过。

有心还是无意，是决定能否抓住机遇的关键。一年夏天，杰克和约翰不约而同地去某个海岛上寻找金矿。到海岛的邮船很少，半个月才一班。当他们双双赶到离码头还有100米时，船刚好起锚。天气炎热，两个人都口干舌燥，这时候正好有人推来一车茶水，杰克瞟一眼茶水车，就飞快地向邮船跑去，因为邮船已经鸣笛发动了。

约翰则抓起一杯茶水就灌。他想：喝了这杯茶还来得及。杰克跑到时，船刚刚离岸1米。于是他纵身一跃，跳了上去。而约翰跑到时，船已经离岸6米了，他只能眼睁睁地看着船一点点地离去。

杰克到达海岛后，很快就找到了金矿。几年后，他成了亿万富翁。而半个月后约翰也来到海岛，却错失良机，最终只得做了杰克手下的一名普通矿工。人们往往哀叹机遇难得，而机遇降临时，却常常因为准备不足抑或疏忽大意，与机遇擦肩而过。

机遇是一艘起锚的船，相差一步，就会将你无情地撇下，无法抵达

第七章 学会韬光养晦，暗储力量待崛起

理想的彼岸。

克里斯蒂安娜·阿曼波尔是世界上著名的女记者。她是什么时候开始自己的事业的呢？"说起来就像一次盲目的约会演变成了真正的恋爱，"她说，"我姐姐报名参加一个新闻培训班，才两个月她就再也不想接触新闻。我独自前往学校，试图讨回学费，但校方不肯，于是我就来上这个课。我真的这么做了，并从此决定了我的人生道路。"

原来接近成功的方法很简单，只要不放过任何一个稍纵即逝的机遇，你就可能会接近成功。机遇的产生和利用都需要有其主、客观条件。

从主观上讲，机遇只青睐有准备的头脑。这里的准备主要有以下内容：一是知识的积累。没有广博而精深的知识，要发现和捕捉机遇是不可能的。二是思维方法的准备，只具备知识，而没有必要的思维方法，机遇便会默默地从你身边溜走。麦克斯韦的实例将告诉我们这两者的有机结合是多么的重要！

麦克斯韦16岁就到爱丁堡大学攻读数学物理，后又去伦敦剑桥大学深造。他学习非常刻苦勤奋，博览群书，尽情地在知识海洋里邀游。但由于缺乏名师指点，他的学习缺乏系统性和计划性。此时，幸运之神降临到了他的身边。一天，著名数学家霍普金斯教授到图书馆借一本高深的数学专著，却被告知书被一个叫麦克斯韦的学生借走了。

霍普金斯教授既惊讶又好奇，因为这本书一般人是看不懂的。他找到了麦克斯韦，见他正认真地看书，同时也发现了他的弱点，就对他韦进行了热心的指点，并收他做自己的研究生，同时还介绍另一位著名的数学家斯托克斯当他的导师。

麦克斯韦在两位导师的指点下，认真学习，学业大进，最后终于成为著名的物理学家。

机遇只留给有准备的人。许多时候，只要用心留意，机遇就在我们身边，抓住机遇，人生就能跃上一个高度。

别让优柔寡断破坏好结局

时机犹如飞在空中的碟靶,当你犹豫不决未能及时瞄准它时,它很快就会从你的视线中消失。

战场上风云变幻莫测,作为军事指挥员,如果不能摆脱犹豫不决的心理障碍,就会贻误战机,失去优势,陷入被动挨打的局面,以致战败。官场上也是良机值千金,你抓住了,便可以成王成侯,出将拜相;失去了,等待你的也许便是身首异处,血染黄土。所以,我们无法埋怨造化弄人,事实便是:你耽误的也许只是几秒,差的却不止千里。

东汉末年时的袁绍长得一表人才,很有威仪。袁绍出身于四世三公,虎踞冀州,兵余粮多,士多归附。刘表是皇室宗亲,占有用武之国,威镇九州,是当时逐鹿中原的两个很有势力的军事集团。但后来袁绍被弱于他的曹操打败,而刘表也无所作为。陈寿为他俩在《三国志》作的传中指出,二人的弱点是:"外宽内忌,好谋无决,有才而不能用,闻善而不能纳。"由于他俩的好谋无决,屡次失去大好战机,使曹操坐大,结果被动挨打,所建立的割据政权终于败亡。

袁绍身边开始确是人才济济,不少智谋之士向他提出图天下的良策,但不被他所采纳。沮授曾建议:"西迎天子,挟天子以令诸侯。"他将从其计,后听郭图等说:"汉室将亡,兴之灾难,今迎天子,反受其制,不是善计。"沮授说:"如不早定,必有智者先行。权不失机,功不厌速,要早图之。"袁绍终不听。后曹操迎汉献帝到许昌,收关中地,黄河以南皆归附。这时袁绍后悔已迟了。曹操征刘备时，田丰劝说袁绍起兵袭许昌，绍却因幼子有病，不愿出征。田丰以杖击地，叹气说："得此难遇的战机，却以婴儿有病而失掉，太可惜了！"

袁绍当决而不决，不当决而自决，官渡之败，实由此所致。袁绍恃有兵数十万，骄心转盛，意欲南征。田丰谏说："曹公善用兵，变化无方，众虽少，未可轻敌。将军据山河之固，拥四州之众，外结英雄，内修农战，然后用奇兵乘敌虚出击，以扰河南，敌救右而击其左，救左则击其右，使敌疲于奔命，民不得安业，我未劳而敌已困，不过二年，可坐而胜。今释庙胜之策，而决成败于一战，如不得志，悔之无及。"绍不听，田丰恳切苦谏，袁绍大怒，将他关进监狱。

于是，率大军南征，曹操率军于官渡相拒。沮授分析敌我形势说："我军数众而敌军精锐，敌粮少而我粮多，故敌利急战，我利缓战，宜持久战。"袁绍不从，便进军逼近官渡与操会战。操坚守。许攸建议派奇兵袭许昌，首尾相攻，操可擒。绍又不能用其计。因许攸家人犯法，彼恐累及便投操，使袭乌巢烧其军粮。绍军无粮大乱，操军勇猛出击，袁军大溃，袁绍带去十万大军只剩下八百骑兵跟他逃回。绍军既败，有人对关在狱中的田丰说："你有预见之明，必被重用。"田丰说："如我军胜，必能赦我；今军败，我必死。"绍回冀州，对左右说："我不用田丰言，果为所笑。"便把田丰杀了。袁绍外表宽雅，忧喜不形于色，而内多忌害，田丰被杀，便是他"内多忌害"的表现。不久，袁绍病死后，冀州也被曹操攻破。

在群雄逐鹿中原之时，不是你灭我，便是我灭你，要想不灭人又不被人所灭是不可能的。刘表居用武之国，四可出击，战机有的是，而他既不图进展，却企图左右逢源，以独保其存。曹操与袁绍相拒于官渡，袁绍派使求助，表答应却不派兵，但亦不助操，想保持中立，以观天下变，从侍中郎韩嵩、别驾刘先对表说："豪杰并争，两雄相持，天下之重，在于将军。将军欲有所为，要乘其弊；如果不是这样，要择所从。将军想以十万之众保持中立是不可能的，以曹公的英明必将胜绍，以后

242

举兵向江汉，将军恐不能抵抗。为将军计，不如举州附曹公，曹公必德将军，长享福贵，传之后嗣，这是万全之策。"表狐疑不决。

刘表遇事就是这样犹豫不决，虽有战机，因其好谋无决也失掉。且因其人多狐疑，故不能任人信人，也就不易听大计。刘备来投，表厚待之，但不重用。曹操征柳城，刘备说表使袭许都，表不听。及曹操胜利回师，刘表后悔，对备说："不用君言，致失去这大好机会。"刘备说："今天下分裂，互相征伐，战机有用，不会只是这一次。如果能抓住以后出现的战机，是不必后悔的。"对于刘表这种人来说，他的最大愿望是据江汉以自保，即使以后有战机，他也是同样失去的。曹操大军下江南讨伐时，适表病死，其子刘琮无力抗拒，便率众投降。

评语

当断则断，犹豫不决只会贻误战机，失去优势，陷入被动的局面。为人处世也一样，该决定的时候，就要勇于决断，切不可错失良机。

韬光养晦，暗储力量

《老子》有这样的话："大直若屈，大辩若讷，大巧若拙。"大巧若拙是才智技艺达到精湛圆熟的最高境界。才智极高的人，学习越深入，见闻越广博，越感到学海无涯而个人知识有限，因而更加谦虚谨慎，处处收敛锋芒，从不炫耀和显示自己。不像有些才智浅薄的人，不知山外有山，天外有天，一知半解之后，便自吹自擂，目中无人。这就是俗话说的"满罐不晃荡，半罐起波浪"。

真正大智大巧的人往往深藏不露，这是对大巧若拙的一种理解。此外，还可以有另外一种理解，即大智大巧者的智慧技巧，经过长期的修养磨炼之后，达到朴实、自然、平易的境界，能够以简驭繁，寓巧于拙。从技巧来说，庖丁解牛，可以说明这种境界。庖丁为文惠君解牛，刀在牛的筋骨空隙间活动而能游刃有余。这种臻于自然平易的境界，是在实践中长期艰苦磨炼的结果。艺术是需要技巧的，而最高的技巧是不留斧凿痕迹、看不到技巧的技巧，如"清水出芙蓉，天然去雕饰"。原始的、初生的艺术。一般是色彩华丽，热情奔放。成熟的艺术则归真返朴，趋于简约、平淡、含蓄，可以供人们自由驰骋想象。元代人的画常以一树一石反映千山万壑，可谓简淡至极了，然而简洁的画面却包含了无穷的世界。

如果从这样的角度看问题，大巧若拙是个人修养的一种深沉、含蓄、圆熟的境界，愚中包含着大智慧，拙中包含着大技巧，同浅薄外露的众生相形成鲜明的对照。大巧若拙也是一种寓刚于柔、刚柔相济的理想性格。人的秉性有的刚烈，有的柔顺。刚与柔本身难分优劣，而且有互补作用，如果各走极端，就会成为弱点。古人说："柔之戒也以弱，刚之戒也以躁。"性情柔顺的人要防止软弱，无主见，无原则，缺乏进取精神和斗争精神。性情刚烈的人要防止暴躁冲动，缺乏耐性和灵活性，缺乏圆融变通的处世方法。人的理想性格应该是刚柔结合，刚中有柔，柔中有刚。

人们年轻时性格刚烈暴躁的居多，随着生活的磨炼，刚烈的性格逐渐增加了柔顺的因素，变得深沉老练起来。晋朱刘琨，北伐石勒失败，被盟友段匹䃅拘禁，自知必死，于是写了《重赠卢谌》。其结句说："何意百炼钢，化为绕指柔。"原诗表达的是刘琨英雄末路、壮志难酬的满腔悲愤，我们在这里用来说明性格磨炼变化的过程和境界。钢经过千锤百炼，能变为可以绕指的柔物。一个人久经生活磨炼之后，可以变得更有韧性，既不放弃原则和目标，又能根据环境和条件，能进能退，能屈能伸，这就是许多成就大事业的人所具有的刚柔相济的性格。

古人把"绵里藏针"作为处世的要诀。绵里藏针有两种情况：一种是内心狠毒的人装出和善的面貌，以达到害人利己的目的，这种行径是为世人所不齿的。还有一种情况就是寓刚于柔，柔中有刚，待人接物，既有原则性、斗争性，又有宽容亲和的态度。讲原则性、斗争性，不是锋芒毕露，盛气凌人；讲宽容亲和，不是口是心非、表里不一。这样的绵里藏针，既能坚持原则和宗旨，实现行动的目标，又能协调人际关系，团结大多数，在今天，仍然算是一种明智的处世方法。大巧若拙也是一种自我保护的处世策略。古代的一些政治家，当自己处于劣势、面临被别人吞并消灭的危险时，常常施行"韬晦之计"。韬即韬光，晦为晦迹。韬晦之计就是收敛锋芒，把自己的志向、才能、行迹隐藏起来，以免遭受别人的注意和攻击。

第七章 学会韬光养晦，暗储力量待崛起

《三国演义》中写了许多刘备施行韬晦之计的故事。刘备志在天下,但实力不足,被吕布夺去徐州和小沛,连栖身之地都没有,只好到许昌投奔曹操。其时曹操挟天子以令诸侯,权倾朝野。刘备虽然受到汉献帝的倚重,被封为左将军,但怕曹操猜忌谋害,于是韬光养晦,在后园种菜。一天,曹操约刘备饮酒,谈论谁是当今的英雄。刘备说了当时的群雄袁术、袁绍、刘表、孙策、刘璋、张绣、张鲁、韩遂等人。曹操认为这些人算不得英雄,然后"以手指玄德,复自指曰:'今天下英雄,惟使君与操耳。'"刘备听后大吃一惊,手中的匙箸不觉落到地下。当时正好有雷声,刘备才趁机掩饰过去。

刘备在"煮酒论英雄"的过程中,始终是收敛锋芒,藏而不露,列举许多人为英雄,却不把自己算入英雄之列。在当时的情况下,他采取这种态度是比较明智的。曹操虽然看出刘备有"包藏宇宙之心,吞吐天下之志",但刘备的现实表现令他比较放心,不会对他构成威胁。这样,刘备才得以乘机逃出曹操设置的笼网,演出后来"三国鼎立"的故事。如果刘备当时自吹自擂,锋芒毕露,结局可能是另外的样子了。在"煮酒论英雄"的开头,曹操说了关于龙的变化的一段话:"龙能大能小,能升能隐;大则兴云吐雾,小则隐介藏形,升则飞腾于宇宙之间,隐则潜伏于波涛之内。方今春深,龙乘时变化,犹人得志而纵横四海。龙之为物,可比世之英雄。"

韬光养晦,不仅适用于天下的政治人物,对我们一般人立身处世也是有启发的。萧统《靖节先生集序》中说:"圣人韬光,贤人遁世。"圣人和贤人把自己的名声和才能隐藏起来,不到处炫耀自己。老子说:"帮之利器,不可以示人。"意思是说,国家锐利的武器不可以随便向人炫耀。同样的道理,个人的才能本领也不可以随便向人炫耀。

自吹自擂,到处炫耀自己的本领和才华,至少会产生两种不良效果。一种不良效果是引起别人的反感,因为谁都不愿意和自吹自擂的人打交道。另一种不良效果是引起别人的猜忌。嫉贤妒能的心理仍然普遍存在,

246

为了免遭别人忌妒和打击，收敛锋芒，掩藏才能，才是明智的选择。另外，在和对手竞争的过程中，到处夸夸其谈、自我吹嘘，容易暴露自己的实力和意图，则会被对手利用而遭受失败。

  大智若愚，大巧若拙是一种智慧，也是一种自我保护的处世方法。智慧高的人，见闻越广博，往往更加谦虚谨慎，收敛锋芒，从不炫耀自己，更是谨言慎行，谦虚待人。

第八章

善于审时度势,时机不到莫乱来

> 一个人立足社会,人情世故,不得不顾虑良多。想要保全自己,就要有一双善于审时度势的眼睛,学会随机应变,面对现实,勇于作出决策,能进能退,能屈能伸,等待时机的到来。

谋势待发，相机而动

第八章　善于审时度势，时机不到莫乱来

时机未到时，要挺住。在客观环境于己不利的时候，一定要有挺住的精神：挺不住，就只能做老二，难做老大；挺得住，就会由老二的位置，升到老大的位置。

刘邦和项羽在称雄争霸、建功立业的时候，其实也就是在"挺"上分出高下和决出雌雄的。这是一种"忍"功的较量。谁能够"挺住"，谁就得天下，称雄于世；谁若刚愎自用，小肚鸡肠，谁就失去天下，一败涂地。宋代著名大文学家苏东坡在评论楚汉之争时就曾说：汉高祖刘邦之所以能胜，楚霸王项羽之所以失败，关键在于是否能忍。项羽不能忍，白白浪费了自己百战百胜的勇猛；刘邦能忍，养精蓄锐、等待时机，直攻项羽弊端，最后夺取胜利。刘邦可以成大业是他懂得忍下人之言，忍个人享乐，忍一时失败，忍个人意气；而项羽刚愎自用，什么都难以容忍，不懂得"小不忍则乱大谋"的道理。大业未成身先死，可悲可叹！

楚汉战争之前，高阳人郦食其拜见刘邦，一进门看见刘邦坐在床边洗脚，便不高兴地说："假如你要消灭无道暴君，就不应该坐着接见长者。"刘邦听了斥责后，不但没有勃然大怒，而是赶快起身，整装致歉，请郦食其坐上座，虚心求教，并按郦食其的意见去攻打陈留，将秦积聚的粮食弄到手。刘邦围困宛城时，被困在城里的陈恢溜出来见刘邦，告诉他与其围城与攻城，不如对城内的官吏劝降封官，这样就可以化敌为友、放心西进，先入咸阳为王。刘邦采纳了他的意见，使宛城不攻自破。

与刘邦容忍的态度相反,项羽则刚愎自用、自以为是。一个有识之士建议项羽在关中建都以成霸业,项羽不听。那人出来发牢骚:"人们说'楚人是沐猴而冠',果然!"结果项羽知道了,大怒,立即将那人杀掉。楚军进攻咸阳时到了新安,只因投降的秦军有些议论,项羽就起杀心,一夜之间把20多万秦兵全部活埋,从此残暴名闻天下。他怨恨田荣,因此不封他,而立齐相田都为王,致使田荣反叛。他甚至连身边最忠实的范增也怀疑不用,结果错过了鸿门宴杀刘邦的机会,气走范增,成了孤家寡人。

刘邦在沛县乡里做亭长时,好酒好色。当刘邦的军队进了咸阳,将士们纷纷争着抢着去找皇宫的仓库,往自己的腰包里揣金银财宝时,刘邦自己也曾被阿房宫的富丽堂皇和美貌如天仙的宫女弄得眼花缭乱,有些迈不动步了。但在部下樊哙"沛公要打天下还是要当富翁"的提醒下,立时醒悟,忍住了贪图享乐的念头,下令封了仓库和宫殿,带着将士仍旧回到灞上的军营里,并约法三章,对百姓丝毫无犯。这就使他赢得了民心,得到了民众的支持。而项羽一进咸阳,就杀了秦王子婴,烧了阿房宫,收取了秦宫的金银财宝,掠取宫娥美女,并带回关东。相比之下,又怎能不失人心呢?

楚汉战争中,刘邦的实力远不如项羽,当项羽听说刘邦已先入关后怒气冲天,决心要将刘邦消灭。当时项羽40万兵马驻扎在鸿门,刘邦10万兵马驻扎在灞上,双方只相隔百里,兵力悬殊,刘邦危在旦夕。在这种情况下,刘邦能做到'得时则行,失时则蛹'。他先是请张良陪同去见项羽的叔叔项伯,再三表明自己没有反对项羽的意思,并与之结成儿女亲家,请项伯在项羽面前说句好话。然后,第二天一清早,又带着张良、樊哙和一百多个随从,拿着礼物在鸿门去拜见项羽,低声下气地赔礼道歉,化解了项羽的怒气,缓和了与项羽的关系。表面上看,刘邦忍气吞声,项羽挣足了面子,实际上刘邦以小忍换来自己和军队的安全,赢得了发展和壮大力量的时间。甚至当自己胸部受了重伤时,刘邦也能忍着伤痛在楚军阵前故意弓着腰,摸摸脚,骂道"贼人射中了我的脚趾",以麻痹敌人；回到自己的大营后又忍着伤痛巡视军营，来稳定军心。他对不利条件的隐忍，对暂时失败的坚忍，反映了他的谋略，也体现了他巨大的心理承受力，这是成就大业者必备的一种心理素质。

人非圣贤，谁都无法甩掉七情六欲，离不开柴米油盐，即使遁入空门，"跳出三界外，不在五行中"，也要"出家人以宽大为怀，善哉！善哉！"不离口。所以，要成就大业，就得分清轻重缓急，大小远近，该舍的就得忍痛割爱，该忍的就得从长计议，从而实现理想、成就大事、创建大业。

羽翼未丰时，要懂得让步。过早地将自己的底牌亮出来，往往会在以后的交战中失败。羽翼未丰时，要懂得让步，低调处之，不可四处张扬。《易经》乾卦中的"潜龙在渊"，就是指君子待时而动，要善于保存自己，不可轻举妄动。

公元 616 年，李渊被封为太原留守，北边的突厥竟用数万兵马多次冲击太原城池。李渊遣部将王康达率千余人出战，几乎全军覆灭，后来巧使疑兵之计，才勉强吓跑了突厥兵。更可恶的是，在突厥的支持和庇护下，郭子和、薛举等纷纷起兵闹事，李渊防不胜防，随时都有被隋炀帝借口失责而杀头的危险。

人们都以为李渊此时此刻会与突厥决一死战。不料李渊竟派遣谋士刘文静为特使，向突厥屈节称臣，并愿把金银珠宝统统送给始毕可汗！李渊为什么这么做呢？其实，他早有自己的盘算。原来李渊根据天下大势，已断然决定起兵反隋。要起兵成大气候，太原虽是一个军事重镇，但不是理想的发家基地，必须西入关中，方能号令天下，而太原又是李唐大军万万不可丢失的根据地。那么用什么办法才能保住太原，顺利西进呢？

当时李渊手下兵将不过三四万人，既要全部屯驻太原，应付突厥的随时出没，同时又要追剿有突厥撑腰的盗寇，已是捉襟见肘。而现在要进军关中，显然不能留下重兵把守。唯一的办法是采取和亲政策，让突厥"坐收宝货"。所以李渊不惜俯首称臣。

退一步海阔天空，唯利是图的始毕可汗果然与李渊修好。由于李渊甘于让步，还得到了突厥的不少资助。始毕可汗一路上送给李渊不少马匹及士兵，李渊又乘机购来许多马匹。这不仅为其拥有一支战斗力极强的骑兵奠定了基础，而且因为汉人素惧突厥兵英勇善战，李渊军中有突厥骑兵，自然凭空增加了声势。李渊让步的行为，不失为一种明智的策略，它使弱小的李家军既平安保住后方根据地，又顺利西行打进了关中。

由此看来，这是赢得对手的谅解，最后不断走向强盛、发展势力，再反过来使对手屈服的一条有用的妙计。

古时兵法家讲究天时，地利，人和，只有等到最佳时机，再出兵。做事也一样，想要成功，就得会看形势。

第八章 善于审时度势,时机不到莫乱来

装傻充愣,灵活变通

三国时期魏国政治家、军事家司马懿深藏爪牙,含而不露,让曹操为之发怵,最终还是让司马氏把持了曹家天下。

公元201年,司马懿二十刚出头,血气方刚,初生之犊,朝气蓬勃。而这时曹操已击败了北方最强大的敌手袁绍,统一了中国北部,挟天子以令诸侯。曹操对司马懿早有所闻,决定招他为官。但司马懿见汉朝衰微,曹氏专权,不愿屈节为曹操做事,推辞说身患瘫疾,不能起身,加以拒绝。曹操生来机警多疑,马上意识到这个青年必是借故推托,而不应聘正是对他的大不敬,自然十分恼怒。于是马上派人扮成刺客,穿墙越屋来到司马懿的寝室,手挥寒光闪闪的利剑,刺向司马懿。千钧一发之际,警觉的司马懿觉知刺客到来,立即悟到这是曹操之意,于是将计就计,装着瘫痪在床的样子,毅然放弃了一切逃生、反抗和自卫的努力,安卧不动,任刺客所为。刺客见状认定真是瘫疾无疑,收起利剑,扬长而去。

装瘫这一招不仅使司马懿逃避了应聘,而且逃避了不受聘将受到的迫害。做到这般"糊涂",需要有在仓促间对刺客来意的准确判断和当机立断的决策,又需要临危不惧、置生死于度外的果敢,真是惊险无比,常人难为。

司马懿躲过这场试探后,非常谨慎而有节制地行事,但最终还是被

奸诈而多疑的曹操察觉了。于是曹操再次请他为文学官，还厉声交代使者说："司马懿若仍迟疑不从，就抓起来。"善于审时度势的司马懿判定，若再拒绝，定遭杀身之祸，只能就职，况且此时曹氏专权已成定局，逐鹿中原已稳操胜券。曹操听说司马懿有"狼顾相"，为了验证，便不露声色地与其前行，又出其不意地命他向后看，司马懿"面正向后而身不动"，被验证果然有"狼顾相"。据说狼惧怕被袭击，走动时不断回头，人若反顾有异相，若狼的举动，谓之为"狼顾"。司马懿的"狼顾相"就是他为人机警而富于智谋、雄豪豁达、野心极强的表现。曹操便小心提防。

曹操又梦到"三马共食一槽"，槽与曹同音，预示着司马氏将篡夺曹氏权柄。于是曹操忧心忡忡地对儿子曹丕说："司马懿不是一个甘为臣下的人，将来必定要坏你的事。"意欲除掉他，以免后患。但曹丕与司马懿私交甚好，早已经离不开他了，不仅不听父亲劝告，还多方面加以袒护，使司马懿免于一死。

司马懿敏锐地感觉到曹操对他的猜忌，于是马上采取对策，即表现对权势地位无所用心、麻木不仁，"勤于吏职夜以忘寝，至于当牧之间，悉皆临履"，完全一副胸无大志、目光短浅、孜孜于琐碎事务和眼前利益的样子。曹操这才安下心来，取消了对他的怀疑和警惕。后来事实证明，曹操被这位年轻人放的烟幕所迷惑，再一次上当。

司马懿用他的智慧、机敏、善变与曹操斗了几十年，不但保存了自己，而且为司马家族夺权奠定了坚实的基础。若司马懿没有审时度势、随机应变、装傻充愣的计谋，恐怕早死在多疑的曹操手下了。

春秋初年，齐国发生内乱，公孙无知设计杀死国主襄公，自立为齐君。不久，公孙无知也被杀害，齐国君位一时空悬无主。齐襄公的两位弟弟——公子纠和公子小白，因为看到襄公昏昧失德，诛赏不当，担心有一天可能祸及他们，早就因此先后出逃国外：公子纠逃到鲁国，而公子小白则到了莒国。如今襄公死去，齐国无主，兄弟二人皆有继承君位的资格，所以都急着赶回齐国。抢先到达齐国的人，便可即位为国君，而后至者就变成王权的威胁，必然遭到整肃的命运。因此这不只关系到君位的争夺，还关系到个人的生死存亡。

为了国君的宝座，公子纠一方面日夜兼程赶回齐国，一方面派管仲带领部分人马，在齐、莒之间的信道上拦截，企图袭杀公子小白。公子小白这一边也披星戴月，马不停蹄地赶路。莒国离齐国较近，只要不发生什么意外，应能抢先到达。但没想到意外发生了！公子纠的谋臣管仲轻车急驰，赶上公子小白一行。他躲在远处，慢慢地举起长弓，往小白狠狠射去一箭。猝不及防的冷箭准确命中目标，公子小白中箭倒地。兵士警觉到状况，四处捉拿刺客，但管仲等早已远去了。

管仲看一箭射中公子小白，事后又见小白部属宣布主公的死讯，人人披麻戴孝，面带戚容，认为任务已成功，便立刻派人飞书驰报公子纠这个好消息。公子纠对管仲十分信任，听说小白已死，顿感安心，便放慢车队的速度，稳稳地朝齐国前进。但实际上管仲那一箭虽然射中公子小白，却射在他衣服的带钩上，让小白逃过了一死。当时小白因害怕刺客会继续攻击，情急生智，就握住了箭，倒在地上诈死。瞒过了管仲后，小白又命属下发布死讯，让对手松懈下来，而他则藏身在车内，加快速度前往齐国。最后公子小白终于抢先进入齐国即位为君，是为齐桓公。

小白若不诈死，国君之位难保。正是中箭之后的应变，才使得小白保住一命，并登上权力之位。可见，为人处世，危急时刻，不妨装装糊涂，说不定可化腐朽为神奇。

公元前204年，正是楚汉战争打得最热闹的一年，双方在荥阳争夺得你死我活。刘邦心里非常焦急，他问陈平："天下纷纷扰扰，什么时候才能真正安定呢？"

陈平见刘邦如此看重自己，知道展露自己才华的机会到了，他直言不讳地说："项王为人，恭敬爱人，廉节之士、好礼之徒大多归附了他。但是到了论功行赏的时候，他却又吝啬爵位和封邑，因此，士人又不愿再依附他。汉王则简慢无礼，廉节之士不大来投奔。然而，大王能将官爵、食邑慷慨地赐给有功之人，因而，无耻之徒多来投奔汉王。如果哪一方能去掉两方的短处，吸收两方的长处，那么，他只要挥一挥手，天下就可以定夺下来。"

刘邦听到这里不免脸红耳热，他最关心的是如何挥一挥手即可安定天下，但陈平并不急于说出，话锋一转，毫无顾忌地说起刘邦的毛病来。他说："然而，汉王喜欢任意侮辱人。这怎么能集楚王之长，得到廉节之士呢？"刘邦听到这里，不免又失望起来，此时，陈平感到时机已到，这才说出他的计谋来："我想楚国存在着可扰乱的因素，项王身边就那么几个刚直之臣，如范增、钟离昧、龙且、周殷之辈。如果大王舍得花几万两黄金，可以行使反间计，离间他们君臣关系，使之上下离心。项王本来爱猜忌，容易听信谗言，这样，必定会引起内讧和残杀。到那时，我军再乘机进攻，一定会大获全胜。"

刘邦听完陈平的分析点头称是，拿出四万两黄金给陈平，听任他怎么处置，不再干涉。于是，陈平向楚军派遣大量间谍，用大量黄金收买楚军中的将士，让他们散布谣言说："钟离昧等人身为楚军大将，战功卓著，然而却不能裂地封王，因此想同汉军结成联盟，消灭项王，瓜分楚国的土地，各自称王。"

项羽本来生性多疑，听到这种议论后，就派使者到汉军探听虚实。陈平让侍者准备最高规格的菜肴，叫人端去，但一见楚使，故弄玄虚作吃惊状说："我以为是亚父的使者，原来是项王的使者。"于是吩咐把菜肴端走，换上粗劣的食物。楚使见此情景，极为生气，回去后一一告诉了项王。项王马上就怀疑起范增来。当时范增建议项羽迅速攻下荥阳城，但项羽就是不采纳，气得范增发怒说："天下大事大体上已成定局了，大王自己干吧！请求赐还我这把老骨头，退归乡里。"不料项王竟然准其所请。范增在回家途中，因背上毒疮发作，猝死。陈平就这样略施小计，使项羽失去了第一谋士。以后，大将周殷在英布引诱下叛楚，钟离昧也因遭猜忌而得不到重用。这些都是陈平之计的作用。与其说是楚汉战争的大环境造就了陈平，倒不如说是陈平审时度势、见机行事的处世之道展示了自己的才华，为刘邦统一天下立下奇功，也成就了自己的英名。

司马懿、公孙小白、陈平都是善于审时度势、处世机智灵活的人，他们敏捷多变，遇险不惊，不但避免了杀身之祸，也保存了自己，最终成就了自己。

第八章 善于审时度势，时机不到莫乱来

随机应变要审时度势

古代传说中,有一种叫"泥鱼"的动物。每当天旱,池塘里的水逐渐干涸时,其他鱼类都因失水而丧失了生命,泥鱼却依然悠闲自得。它找到一块足以容身的泥地,便把整个身体藏进泥中不动。由于它躲藏在泥中动也不动,处于一种类似休眠的状态,所以可以待在泥中半年、一年之久而不死。

等到天下了雨,池塘中又积满了水,泥鱼便慢慢从泥中钻出来,重新活跃在池塘中。其他死去鱼类的尸体成了它最好的食物。这时它很快繁殖,成为池塘中的占有者和统治者。物竞天择,适者生存。由于泥鱼有这种适应天道的能力,所以成为有不死之身的奇鱼。能不能随外界的变化及时调整主体行为,以维护自身的利益,这是聪明和愚蠢的分野之一。不管具体情况如何,抱着既定的条条框框,不思修正变革,"一条道儿跑到黑",这是蠢人的做法;以主体利益为核心,以外界环境的变化为参数,本着灵活机动、具体问题具体分析的原则,进退自如,取舍随机,这是聪明之为。

孔子居住在陈国,要到蒲国去。这时正好公叔氏在蒲国叛乱,蒲人挡住孔子,对他说道:"你如果不到卫国去,我们就把你送出去。"于是,孔子就和蒲人盟誓,绝不到卫国去。为此,蒲人把孔子送出东门。可是,出了东门,孔子就向卫国走去。子贡不理解地问道:"盟约也可以违背吗?"孔子答道:"这是被迫订的盟约,神灵是不会承认的。"可以看出,对孔子说来,只要能够到达卫国,你提出什么条件我都可以答应,说假话也在所不辞!这就叫不能死心眼儿!

张毂做同州观察判官,当时朝廷命他制兵器以供边关作战用。一次,朝廷急令征箭十万支,并限定必须用雕雁的羽毛做箭羽。这种鸟羽价格昂贵,很难购得。张毂说:"箭是射出去的东西,什么羽还不行?"节度使说:"改变箭羽应该向朝廷报告,请求批示。"张毂说:"我们这里离京城两千多里路,而边关又急需用箭,这怎么来得及呢?如果朝廷怪罪下来,本官承担一切责任!"于是便按新的标准造箭,一日之间,大大降低了购羽的开支,还按时完成了造箭的任务。后来,尚书省同意了张毂的做法。张毂和孔子的行为特点,都可称之为随机应变。但他们所面对的外界环境,并不是白驹过隙、稍纵即变的,相对而言,还有一点儿时间用来观察和思考。为此,只要善于进行理性分析判断并且不"死心眼",就可以做到。

有些时候,外界环境的变化,极其迅速,特别突然,令人猝不及防。究竟做出什么样的反应才是合适的,几乎来不及思考。这时的举措言行,大多依赖直觉和灵感。

宋文帝的时候,因为连年征战,武器库为之空虚。有一次宋文帝举行宴会,北国人也在座。闲谈期间,宋文帝偶然问起武器库中的兵器还有几件,这时大臣顾琛立即机警地撒谎应对:"还有足够十万人用的兵器。旧武器库秘藏的兵器还不知道有多少。"宋文帝发问完了,追悔自己失言,但得到顾琛随机补救的回答,心里十分高兴。

审时度势,随机应变,对的外界环境作出理性分析,不仅要反应敏捷,还要考虑周全。善于应变的人,往往能应对各种问题。

第八章 善于审时度势,时机不到莫乱来

善于应变，寻找契机

很多人缺乏变化，在生活中总是过着墨守成规的日子，几十年都不变。这种人一辈子都难以成功。只有善于变化思维的人，才能够给自己的生活带来新的转机。

商场如战场，要想成为名精明的商人，能够在商场中立于不败之地，就必须善于应变。只要你善于动脑，在商品或经营策略的某一个点上稍加变化，把平常变为不平常；只要你善于思维，发现别人所不注意的东西，在有些事情上加上那么一点点，你就一定能所向披靡，马到成功。

王先生开了一家电脑公司，除了卖各种电脑软硬件、配件外，也帮用户安装电脑。一开始他的生意并不好，而且还因为不慎轻信朋友，有两万多货款无法追回。经过交涉，对方也只是抵了一批鼠标垫，共有两万多只。一个鼠标垫，随便到什么展览会上就可以拿几个，有多少人买？两万只鼠标垫，怎么才能卖得出去呢？王先生就像手持鸡肋，"食之无用，弃之可惜"。生意越来越不好做，王先生只好闲坐着，看看报纸，或者玩玩电脑游戏。

有一天，王先生的一个朋友来玩．闲聊之余便坐在王先生的电脑前练习打字。这个朋友刚学会五笔输入法，一些字根还记不熟，翻书又麻烦，不由得说了句"要是字根就住鼠标垫旁边就好找了"。说者无心，听者有意。王先生突发奇想：要是在这批鼠标垫上印上五笔字型的字根表，也许会方便那些记不准字根的人。但如果卖不出去的话，他又要赔上印刷的成本。想了想，他还是决定试一试：印上字根表后，他到网吧、打字店、电脑培训班等处推销，果然卖了很多。一天，一个中年男子来到王先生的公司，看到了这种鼠标垫，询问了价格，提出如果一个1.2元钱的话，他会买两万个鼠标垫。原来他也是一家电脑公司的老板，最近他的公司接了一个大单子，给一家全国联网的寻呼台作系统集成方案，这个单子很大，PC机就要配两万台。寻呼台那方面的要求，所用的PC机除了配齐常规的设置外，还特别强调每台PC机需要一个鼠标垫和一张五笔字型的字根表。为此，这个中年老板走了好几个地方，都没有合适的产品和合适的价位。今天他看到王先生这里的鼠标垫上印着五笔字型的字根表，真是喜不自禁。这下他可以两件事情当做一件事办，两样东西用一样东西的价钱买回去，省钱又省事，真是打着灯笼也难找。王先生正好还剩两万左右的鼠标垫，这笔生意就成交了。

因为一个小小的添加，死货就变成活钱。如果王先生一直不改变自己的思路，那么，就不会有机会推销自己的鼠标垫。有了变化就有了机会。

美国的艾吉隆公司董事长布希耐一天散步到了郊外，偶然间，他看到几个小女孩在玩一只非常肮脏和异常丑陋的昆虫，玩得爱不释手。看着她们开心的样子，布希耐顿时灵光一现。他想，市面上销售的玩具都是优美漂亮的，如果生产一些丑陋的玩具，市场反应会如何呢？想到做到，他马上叫手下的人研制了一批"丑陋玩具"，迅速投向了市场。这一仗布希耐大获全胜，他的"丑陋玩具"给公司带来了巨大的经济效益，让同行们眼红不已。丑陋玩具也就此风靡于世。就像"疯球"，这种玩具是在一串小球上印满了许多丑陋可怕的面孔，还有一双鼓得像青蛙的带着血色的眼球，眨起眼来就发出很难听的声音。这样一些丑八怪玩具的售价甚至比漂亮的玩具还要高，但却一直很畅销。

这个故事说明：当一件东西已没有什么卖点的时候，用反向思维来做，促使事物发生那么一点点变化，就会是一个新的突破。商场中不是缺少机会，而是缺少发现。要想做一个事业有成的人，就必须时时来点变化。有时一个小小的变化，就是你创造的契机。

在形式不利时，要善于动脑筋。在某一个点上稍加变化，往往就能发现商机。要善于思考，有时只要变化那么一点点，就能所向披靡，马到成功。

用尽计策，另辟蹊径

第八章 善于审时度势，时机不到莫乱来

换个角度．就能发现问题和解决问题，这是一个重要的成功学原理。但是，懒惰平庸的人往往不是不动手脚，而是不善于变换脑筋。这种习惯制约了他们摆脱困境的反应能力。相反，那些成大事者都养成了勤于思考的习惯，善于发现问题，解决问题，不让问题成为人生难题。

可以这么说，任何一个有意义的构想和计划都是出自于思考，而且思考得越深入，收益就会越大。一个不善于思考难题的人，会遇到许多取舍不定的问题。正确的思考变化能产生巨大作用，可以决定一个人应该采取什么样的行动。

艾伦·莱恩是英国人，他在年轻时就继承了伯父的事业，出任了希德出版社的董事。但在当时，出版社的处境已是举步维艰，莱恩绞尽脑汁，试图另辟蹊径，使出版时版社"柳暗花明"。终于有一天，当莱恩在一个候车室旁的书摊上漫无目的地扫视时，他忽然发现，书摊上除了高价新版书、庸俗读物外，几乎没什么可看之书，而且这些书大部分都是价格昂贵的精装书。这个发现触动了莱恩的灵感："要想赚大钱，出版价格低廉的平装书是个好办法。"他坚信这个办法能够成功，因为精装本价格很贵，一般百姓根本买不起。

莱恩出版廉价丛书的计划在英国出版社引起了强烈的反响，有人说这是自取灭亡，有人说这会严重影响整个图书界。莱恩认定这个办法是他的企业走出困境的唯一出路，所以他毫不动摇。第一套平装系列丛书共10本,规格也比精装本缩小了。这不仅节省了封面制作的成本,也节约了纸张,再加上莱恩决定以购买再版图书重印权的方式出版这10本书,因而大大降低了成本费。莱恩把每本书的价钱压到6便士,这样,人们只要少吸6支香烟就可以买到一本书。

这套书的封面很引人注目,这是因为莱恩在书得封面设计了一个逗人喜爱的丛书标志物——一只翘首站立的小企鹅。莱恩把这套丛书起名为《企鹅丛书》。莱恩还用颜色表示图书的类别:紫色为剧本,浅蓝色为传记,橘红色为小说,灰色为时事政治读物,绿色为侦探类作品,黄色为其他类别读物。这一系列的改革使这套书不仅在外观上鲜艳明快、让人耳目一新,而且在装订上显得简单朴实,印刷上更是字迹工整。

既然这本书是面向大众,那么其价格就必须低廉。低廉的价格又要求有巨大的销售量。莱恩心里清楚:每本书的销售量只有达到17500册以上,才能保住本钱,因而他派人到各地去宣传、推销……1937年7月,第一批10卷本《企鹅丛书》正式问世在不到半年时间里,这套书就销售了10万册,莱恩成功了。

1936年元旦,希德出版社改名为企鹅图书公司。它坚持薄利多销、为大众服务的原则,因此能垄断英国平装书市场多年。莱恩另辟蹊径,使祖上流传下来的图书家业"柳暗花明"。

做任何事情,都不能莽撞行事,一定要看清摆在自己面前的各种利弊,学会变化角度,从最有利于自己的地位开始突破,这样就有助于把事情办成、办好、办大。

做事要看清形式,学会分析面临的各种利弊。一条路走不通时,要根据形势,审时度势,另辟蹊径。

第八章 善于审时度势，时机不到莫乱来

善用巧变之功

大千世界，总有一些人很有本事，做什么事都易如反掌，让人佩服。然而，这些人本可以把自己的本事显露出来，但却常常掩藏自己的本事，为的就是避免给人造成威胁感。这种善用巧变之功，透露出一种灵活之计。

无论何人，只要心中有"精明善变"四字，便多多少少练就察言观色的本事。他们会根据你的喜怒哀乐来调整与你相处的方式，并进而顺着你的喜怒哀乐来为自己谋取利益。你的意志也会在不知不觉中，受到别人的掌控。如果你的喜怒哀乐表达失当，有时会招来无端之祸。因此，高明的成大事者一般都不随便表现这些情绪，以免被人窥破弱点，予人以可乘之机。

在《三国演义》里司马懿可以算得上是诸葛亮的真正对手。就历史本身而言，司马懿在权谋方面堪称第一流的大家。《晋书》评论司马懿说："宣皇以天挺之姿，应期佐命，文以缵治，武以棱威"，"雄略内断，英猷外决"。南宋陈亮也说："魏之得天下，非司马不得安也。"的确，他"受遗二主，佐命三朝"，对内对外都显示了他杰出的才华。他对权术随心所欲的运用令同代人咋舌；他的识人用人，他的独特的思维方式，对于今天的人来说，也有很多的启示。

司马懿为人不仅多谋略，善于从全局的高度、长远的眼光考虑问题，而且行事乖巧，善权变，极其明显地展现出其机智的处世之道。司马懿

的谋略，说到底就是一句话："精于计谋，深藏不露，以柔克刚。"他对计谋之道的运用达到了非常绝妙的境界，终其一生，不仅尽享荣华富贵，而且为子孙奠定基业。老子说："天下之至柔，驰骋天下之至坚。"水性至柔，它是天下最柔弱的东西，但滴水却可以穿石，可以穿透天底下最坚硬的事物。司马懿在精明谋事时，正是利用了这一谋略，用坚守拒战之计，"拖"死诸葛亮，韬晦示弱，一举打垮曹氏力量，终迁魏鼎。

据《三国演义》载，司马懿与诸葛亮交锋多次失败是输在斗智斗谋上：第九十五回载，诸葛亮智设空城计，吓退曹兵十五万大军。后来司马懿明白中计，仰天叹曰："吾不如孔明！"第九十九回载，诸葛亮巧施退兵计，大破魏军。司马懿长叹："孔明真有神出鬼没之计，吾不能及也！"第一百回载，诸葛亮妙用增灶计，唬得魏军不敢追击，蜀军顺利退兵，不折一人。司马懿仰天长叹："孔明效虞诩之法，瞒过吾也！其谋略吾不如之。"由此可见魏军的弱点，不在天时，不在地利，而在人谋，这是一个致命的弱点。司马懿心中是一清二楚的。这才是魏军坚壁小战的主要原因。司马懿与诸葛亮相持百余日，蜀军多次挑战，司马懿就是不出。诸葛亮拿他无奈，便采取激将法，派使者送大盒给司马懿。司马懿当众打开一看，内有巾帼（妇女头巾）、妇人缟素之服和一封信。信中说：仲达（司马懿字仲达）既为大将，统领之众，不思披坚执锐，一决雌雄，乃甘窟守工巢，谨避刀剑，与妇人又何异哉！今遣人送巾帼素衣至，如不出战，可再而受之。倘耻心未混，犹自男子胸襟，早与批回。依期赴敌。司马懿看毕，脸不红不白，乃佯笑说："孔明视我为妇人耶！"命手下款待来使，绝口不谈军事，只假作漫不经心地随便询问诸葛亮饮食起居等日常琐事。使者回答："丞相起得早，睡得晚，打二十军棍的处罚都要亲自处理。吃得也少，每天不过数升。"司马懿听了，回头对诸将说"孔明食少事烦，其能久乎。"原来，司马懿正是在这漫不经心的随便问话之中，套出了极重要的情报：在他坚壁拒战的方针下，诸葛亮的身体已经快被拖垮了。这就坚定了他的决心：奉守小战，拖垮诸葛亮。使者回到蜀营，向诸葛亮汇报了此事。诸葛亮听罢，长叹声："彼深知我也！"

诸葛亮对司马懿包藏的奸心又何尝不明白呢？只是无可奈何罢了！

但司马懿手下的将士却不明白个中奥妙，他们看见诸葛亮用巾帼女衣来侮辱司马懿，司马懿却受之不愧，心中皆有愤愤不平，出言不逊："公畏蜀如虎，首受侮辱。我等皆大国名将，安受蜀人如此之辱！请求出战，一决雌雄！"司马懿见这帮鲁莽汉子如此气愤，心中未免好笑，思量与他们也说不清楚，就用更机智的办法将这球踢到皇帝那里，说道："吾非不敢出战，而甘心受辱也。奈天子明诏，令坚守勿动。汝等既要出战，待我奏准天子，同心赴敌，如何？"众将皆允诺。司马懿乃上表曹睿请战。结果自然是不准。诸将无话可说了。诸葛亮得知此事，冷笑道："此乃到司马懿安三军之法也，彼本无战心，将在外，君命有所不受，安有千里而请战者乎。"此乃司马懿因将士愤怒，故借曹睿之意，以制众人。诸葛亮这话倒是不错，却没有更好的办法了。

魏、蜀两军从二月对峙到八月，诸葛亮病死于军中，蜀军只得退兵汉中。诸葛亮的最后一次北伐，也以无功而告终了，引来后人无限感叹："出师未捷身先死，常使英雄泪满襟！"司马懿的目的终于达到了，他灵活应变，坚壁不战，以柔克刚，拖死了诸葛亮，不战而退敌人之兵。这个故事告诉人们：欲求成功，必须求变，或者是用不变之变，不怕天下耻笑。当决战的时机还不成熟而对方咄咄逼人之时，要求变，求变，再求变。目前的求变负重是为了未来的胜利，暂时的退却和忍耐，并非懦夫的表现，而是意志坚定、目光远大的表现。

第八章 善于审时度势，时机不到莫乱来

能力越高的人，越懂得审时度势、随机应变。他们将自己的本事掩藏起来，避免给人造成威胁感，善用巧变之功，处世灵活。

要学会变通

诺贝尔奖得主莱纳斯波林说:"一个好的研究者知道应该发挥哪些构想,而哪些构想应该丢弃;否则,会浪费很多时间在差劲的构想上。"有些事情,你虽然用了很大的努力,但你迟早要发现自己处于进退两难的状态,你所走的研究路线也许只是一条死胡同。这时候,最明智的办法就是抽身退出,去研究别的项目,寻找成功的机会。

牛顿早年就是永动机的追随者。在进行了大量的实验失败之后,他很失望,但他很明智地退出了对永动机的研究,在力学研究中投更大的精力。最终,许多永动机的研究者默默而终,而牛顿却因摆脱了无谓的研究,在其他方面脱颖而出。

在人生的每个关键时刻,我们都要审慎地运用智慧,作最正确的判断,选择正确方向;同时别忘了及时检视选择的角度,适时调整。抛开无谓的固执,冷静地用开放的心胸作正确抉择。每一次正确无误的抉择都将指引你走向成功。许多满怀雄心壮志的人毅力很坚强,但是由于不会进行新的尝试,因此无法成功。"条条大路通罗马",请你坚持你的目标吧,不要犹豫不前,但也不能太生硬,不知变通。如果你感到行不通的话,就尝试另种方式吧。

有个非常干练的推销员,他的年薪有6位数字。很少有人知道他原来是历史系毕业的,在干推销员之前还教过书。这位成功的推销员回忆他前半生的道路时说:"事实上我是个很没趣味的老师。由于我的课很沉闷，学生个个都坐不住，所以，我讲什么他们都听不进去。我之所以是没趣的老师，是因为我已厌烦了教书生涯，对此毫无兴趣可言，但这种厌烦感却在不知不觉中也影响到学生的情绪。最后，校方终于解雇了我，理由是我与学生无法沟通。当时，我非常气愤，所以痛下决心，走出校园去闯一番事业。这样，我才找到推销员这份自己胜任并且感觉愉快的工作。真是'塞翁失马，焉知非福'。如果我不被解聘，也就不会振作起来！基本上，我是很懒散的人，整天都得过且过的，校方的解聘正好惊醒了我的懒散之梦。因此，到现在为止，我还是很庆幸自己当时被人家解雇了。要是没有这番挫折，我也不可能奋发图强，闯出今天这个局面。"

坚持是一种良好的品质，但在有些事上，过度的坚持，会导致更大的浪费。若是我们违背自己的本质，不尊重自己的独特性，那么你怎么变成一个大富翁，艺术家，企业家，演说家，手艺超群的厨师，广受欢迎的年轻人？

每一个人对境遇的看法都不一样。每一个人都是独特的，有着不同的需要、希望和价值观，也有着不同的优点。若是我们违背自己的本质，不尊重自己的独特性，那么不管我们怎样努力，我们永远和顺境无缘。

你的本质和你的成功是分不开的。许多人牺牲了自己的本质，去做那些自己不愿意做的事情，这就是他们不能成功的原因。应该做老师的人做了企业家，应该做企业家的人却跑去当老师，应该做管理员的跑去做推销员，做管理员的却是那些应该做律师的人，做律师的应该做医生，当医生的却应该自己创业做老板。假如你不清楚自己的本质，不明白自己的需要，那么你很可能作出和你的需要完全相反的选择。

人生选择方向后，要学会检验。适时调整，才能选择正确方向，要用冷静的开阔的胸怀面对每一个关键的选择。

遇事要冷静，以不变应万变

人生一世，不如意的事情总是如影随形，在前进的道路上，遇到挫折和失败，如何面对，关键是以怎样的心态去应对。只有冷静面对，有的放矢，才能成为真心英雄。如果整天忧愁、痛苦、烦恼、大发雷霆，只能导致心情更加恶劣和不冷静，结果只能是深陷于灰暗的阴影中。

古人形容将帅风度时说："泰山崩于前，而色不变。"一个人只有把自己的心态历练到这种境界，才能处变不惊，机智地处理各种复杂局面。这样，你的人生才能无往而不胜，才能把自己的事业做大，成为强者。

《菜根谭》中说："冷眼观人，冷耳听语，冷情当感，冷心思理。"只有以冷静的态度去体察社会，才不会随波逐流，被物欲所迷失，为荣利所缠缚。"权贵龙骧，英雄虎战，以冷眼视之，如蚁聚膻，如蝇竞血；是非蜂起。得失猬兴，以冷情当之，如冶化金，如汤消雪。"

大哲学家苏格拉底的妻子是个有名的泼妇，常常大吵大闹，弄得他很狼狈。有一次，他忍受不了妻子的吵闹，就走出家门。他刚走到楼门口，妻子一盆水从楼上泼了下来，把他浇得全身都湿透了。如果这种情况放在平常人身上，定会气得七窍生烟，心情恶劣极了。苏格拉底仍是声色不变，只是幽默地说了一句："电闪雷鸣之后，总是要下场瓢泼大雨的。"

用微笑面对生活，生活就会处处享受阳光。苏格拉底的辉煌成就，不是他冷静性格带来的必然结果吗？冷静的人能控制住自己的情绪，对眼前的问题进行客观的分析，能以最快的速度，在极短的时间内，对新形势作出正确的判断，形成新的决策，并立即付诸实施。他们在任何情况下心态都非常好，既不会被胜利冲昏头脑，也不会在逆境面前忧心如焚、食不甘味。

香港恒生银行于 1965 年曾经遭遇过毁灭性的打击。当年 2 月，在银行口，市民天天排着长队，纷纷前来提取他们的存款。与此同时，有关恒生银行的各种不利传言到处传播，更使得人心惶惶，提款风波日益扩大化。

总经理何善衡处变不惊，派出银行的大批职员去向市民解释、劝说，以定市民的情绪。他还别出心裁地在银行大堂堆起一大堆钞票，以向世人表明银行有充的资金来应付眼前的危机。同时，他四处奔走、多方求援，以筹措更多的资金，力保银行的局势。但即使这样，挤提的风波仍是一浪高过一浪，银行时刻面临着破产的风险。何善衡不得不作出了痛苦的决定，把银行的大多数股权转让给汇丰银行。在汇丰银行的强力支持下，挤提风波终告平息。

何善衡把银行从生死边缘挽救回来，为日后的飞速发展奠定了良好的基础。如果没有冷静的性格、良好的心态，任意蛮干，只图一时痛快，结果只能是断送自己的前程。不计得失、忍辱负重，冷静地面对人生的风风雨雨，才能迎来光辉的明天。

在商场上，没有冷静心态的商人绝对不会是成功的商人，心浮气躁、头脑发热、盲目投资，都会招致极其严重的失败。要冷静、有耐心，要像气功大师那样，做到心静如水，耐得住寂寞，等来更大的商机。

香港首富李嘉诚成立了一家卫星电视公司，他把卫视的经营大权交给了儿子李泽楷，来试试儿子的经营才能。卫视经营是相当不容易的，市场竞争相当激烈，许多人都担心李泽楷会赔得血本无归。甚至还有人别有用心地预言，李泽楷办卫视，至少要亏损 30 亿元。李泽楷在人们的猜疑声中走马上任。他在自己的办公室安装了一面电视墙，24 台电视同时打开，使他能够把当时的所有电视节目都一览无余。经过一段时间的

第八章 善于审时度势，时机不到莫乱来

市场考察和充分考虑后，他为公司确定了一个购片的原则：花小钱，买好片。

公司的职员们对此很不理解。李泽楷解释说，只要放弃当前最热门的影片，专门选购那些质量上乘但已经过时的旧片来播放，就能达到提高收视率的目的。职员们对此半信半疑，但还是按照他的部署去做了。那些旧片虽已过时，但却曾经创造过辉煌的播放纪录，有不少观众对它们很感兴趣，愿意重温历史。更重要的是，他还特别重视那些虽在国外红极一时但在香港电视台却从未播放过的旧片，以极低的价格买进后在卫视台播出，立刻吸引了不少观众。

卫视的收视率节节攀高，广告商纷纷找上门来。在短短两年间，卫视的广告收入就高达 36 亿元。这引起了富商默克多的极大兴趣。默克多向李泽楷提出，愿意以较高的价格收购卫视。经过谈判，默克多付出了 95 亿美元的天价，使李泽楷收获了巨额的财富。

在经营卫视的整个过程中，李泽楷总共投入 125 亿美元，仅仅经过两年时间的运作，就收获了 10 倍以上的财富，使他顿时名噪一时。人们不由得连声赞叹："将门出虎子，李嘉诚的儿子就是不简单！"

冷静地面对人生风雨，不计得失、忍辱负重，进退得当，才能在面对成败时，从容不迫，最终赢得成功。

第八章 善于审时度势，时机不到莫乱来

一步一个脚印

做人要脚踏实地，做事也要脚踏实地，一步一脚印，方能实现目标。

秋千所荡到的高度与每一次加力是分不开的，任何一次偷懒都会降低你的高度，所以动作虽然简单，却依然要一丝不苟地踏实行动。

有时候，人们都会做些不屑于做的动作和事情，贯穿于整个日常生活，甚至你完成了这样的一个动作，自己都不记得。比如你每天都会把垃圾袋带出去扔掉，你会记得你用怎样的动作扔掉的吗？这也正像全世界都谈论"变化""创新"等时髦的概念时，"踏实"是每个人都能够做到的。可是你真正做到了新含义的"踏实"了吗？

看看史书上记载的朱元璋从草民"成长"为皇帝的全过程，你就会发现他的成长历程是由一个个踏实的脚印所组成的：从为人臣子，忍气吞声，到暂缓称王，积蓄力量；从北伐战略之细腻分析，到休养生息之点点俱到……毫无急功近利之心，只是在一步一步地发展自己，壮大自己，巩固自己！

每个人生下来都是平等的，都是在生活的历程中变得充实，变得成熟。要想成就一番事业，就必须如矮子爬楼梯一样稳步前进，踏实地干好你当前以及手头的事情——这才是你高升的唯一途径。别想着天上会掉下馅饼，也别在自己的办公桌前做着自己的黄粱美梦，静下心来，脚踏实地地去干好你的活吧！

相信大家都清楚这样一个情节：美西战争爆发以后，美国必须立即

跟西班牙的反抗军首领加西亚取得联系。加西亚将军掌握着西班牙军队的各种情报，可他却在古巴丛林的山里，没有人知道确切的地点，所以无法联络。然而，美国总统又要尽快地获得他的合作。一个叫罗文的人被带到了总统的面前，送信的任务交给了这名年轻人。一路上，罗文在牙买加遭遇过西班牙士兵的拦截，也在粗心大意的西属海军少尉眼皮底下溜过古巴海域，还在圣地亚哥参加了游击战，最后在巴亚莫河畔的瑞奥布伊把信交给了加西亚将军……这就是2000年被美国《哈奇森年鉴》和《出版商周刊》评为"有史以来世界最畅销图书"第六名的《致加西亚的信》一书中所描述的情节。

只要你仔细琢磨，就会发现罗文所做的事情一点儿也不需要超人的智慧，只是一环扣一环地循序渐进，也就是我们常说的"一步一个脚印"。踏实地做事并不等于原地踏步或者停滞不前，它需要的是韧性而不失目标，时刻在前进，哪怕每一次仅仅前进很短的不为人所瞩目的一步。

像罗文这样的人，你有必要为他塑造一座不朽的精神雕像，永远存放在你的心中。要知道，你所需要的不仅仅只是书本的知识和他人的种种教导。更需要一种孜孜不倦的踏实敬业精神。而这种精神，就源于一个人对其工作的忠诚和信念。《致加西亚的信》这本书之所以能畅销不衰和风靡世界，也正是它倡导了这种对工作的忠诚与信念。踏实肯干，你才能找到成功的机会。有这样一个荡秋千的原理：秋千荡得越高，你所拥有的空间就越大，而此时你所拥有的机会也就更多。要知道，踏实地做不代表错失良机。你也许想说，你年轻聪明、壮志凌云；你不想碌碌无为，你不想拿一个个不显眼的脚印占据你的人生；你渴望名声、财富和权力，总想找一个成就自我的机会，从而一步登天，尽量早几班搭上成功的列车。你常常抱怨：那个著名的苹果为什么不是掉在你的头上，那支藏着"老子珠"的巨贝怎么就产在巴拉旺而不是在你常去游泳的海湾。

但是，掉下一个苹果的时候，你把它吃了；闲逛时被硕大无比的卡里南钻石绊倒，可你爬起后，却怒气冲天地将它一脚踢下阴沟；最后你像拿破仑一样,先是被抓进监狱,撤掉将军官职,被赶出军队,然后身无分文的你被抛到塞纳河边。就在约瑟芬驾着马车匆匆赶向河边时,远远地听到"扑通"一声,你投河自尽了。你缺少的仅仅是机会吗?

记住:踏实不代表木讷的头脑和缺少竞争意识!踏实的人不是被动的人。在通往成功的道路上,每一次机会都会轻轻地敲你的门。不要等待机会去为你开门,因为门闩在你自己这一面。机会也不会跑过来说"你好",它只是告诉你"站起来,向前走"。要善于发现机会。很多的机会好像蒙尘的珍珠,让人无法一眼看清它华丽珍贵的本质。踏实的人并不是一味等待的人。要学会为机会拭去障眼的灰尘。也要善于把握机会。踏实不等于单纯地恭顺忍让。没有一种机会可以让你看到未来的成败,人生的妙处也在于此。不通过拼搏得到的成功就像一开始就知道真正凶手的悬案电影般索然无味。选择一个机会,不可否认有失败的可能。将机会和自己的能力对比,合适的紧紧抓住,不合适的学会放弃。用明智的态度对待机会,也用明智的态度对待人生。

有一个人到墨西哥旅游。一天黄昏时,他在一个海滩漫步,忽然看见远处有一个人在跳舞似的。走近些时,发现原来是一个人在沙滩上拾一些东西,然后用力地抛到海里去,并且重复不停地把拾起的东西抛到海里。再走近些时,他看清楚原来这个人在不停地拾起由海水冲到沙滩上的海星,并用力地把它抛回大海去。他于是奇怪地对这个人说:"晚安!朋友,我不明白你在干什么。"那人说:"我在把这些海星抛回海里。你看,现在正是潮退时间,海滩上这些海星全是被海水冲到岸上来的,很快这些海星便会因缺氧而死了!"

"我明白。不过这海滩有数不尽的海星,成千上万的,你可有能力把它们全部送回大海呢?尽管你真能做到,试想,这海岸有过百的海滩,你又怎能有工夫去处理呢?你可知道你所做的作用不大啊!"这个人微笑着,继续拾起另一只海星,一边抛一边说:"但起码我改变了这只海星的命运呀!"于是游人恍然大悟。是呀,虽然有很多美好的事情我们不能去实现,但从现在做起,踏踏实实去努力,认认真真去完成,兴许就改变了一切!

只要你在自己的成长旅途中,坚持着"起码我改变了这只海星的命运"的信念,何愁不能改变自我,成就自我呢?换一种思维,如果能以坚持、执著去经营自己的事业,跛脚的孩子也能茁壮成长为伟人。你的事业何愁得不到发展呢!

踏实做人是人生的金玉良言。想要成功,必须脚踏实地,把握机会,踏实肯干,韧性而不失目标。

踏实做事，志存高远

第八章 善于审时度势，时机不到莫乱来

古往今来，平凡的人生远多于非凡的人生。实际上，要做一个非凡的人很难，能安于做一个平凡的人也不容易。大多数人只能庸庸碌碌、普普通通过一生，只有极少数人才能叱咤风云、青史留名。

人生短短百年，大家都希望自己的生活能多一些精彩，多一些成就，但是成就并不是那么容易就能得到的。日常生活中无穷无尽的烦琐杂事弄得我们筋疲力尽，各种烦恼的事折磨得我们心力交瘁，要成为一个有成就的人并不是那么容易。我们所要做的应该是尽量让自己的人生多一点欢乐。要做到这点，就要求我们有做将军的理想，能安于平凡的生活。

我们不能做没有理想的人。没有理想的生命是黯淡的生命，饱食终日，无所事事，那么作为人的价值就堕落了。我们同样不可以做好高骛远的人。好高骛远的人因被私欲折磨而没有任何的快乐而言，追求平凡的人相反则显得平和甚至快乐。我们做好自己分内的事情，不为自己做不到的事情操心，花费精力，而将时间用在自己力所能及的事情上，那么我们的欢乐可能就会多一点。如果对自己要求过高，分内的事情没做好，反为所谓的大事忙碌不停，那么其结果必然是吃力不讨好，该做的事情耽误了，大事情一件也没有做好。

该如何做到有所追求但也快快乐乐？我们需要一定意义上的"明哲保身"。这里所说的明哲保身，是要按照自己的条件定做合适的理想，适应世事，不过分要求自己，同时还要防备自己内心过强的欲望。为什么要防备自己的欲望呢？因为欲望膨胀得太厉害，超出了自身能够达到的水平，从而达不到目的，枉费气力，徒增烦恼。

西班牙谚语说："干什么事，成什么人。"人的尊卑，不靠地位，不靠出身，只看你自己的努力以及所取得的成就。假如是一个萝卜，就力求做个甜脆的好萝卜；假如是棵白菜，就力求做一棵瓷实的包心好白菜。如果一枝野菊花硬想成为国色天香的牡丹，那就只能白费气力、徒增烦恼了。

有位作家曾风趣地说，猴子爬得越高，尾部又秃又红的丑相就愈加显眼，但它自己却不知道。一些有那么一点才能的人，一辈子挣扎着想要飞黄腾达，最后不但虚耗了毕生精力，而且一事无成，回首往事悔恨不已。所以，苏东坡先生说人要"知命"，即是说人一方面要尽自己的努力，另一方面又要顺应自然，不作徒然的强求和抗争。平凡的人生是最真实的人生。一个人能安于平凡，又尽力而为，努力不懈，这平凡中既有知足的快乐，也有追求和成功的喜悦。

人生进也好，退也好，都要适时而变，不可强求自己。一般来讲，人往高处走，水往低处流。人人都想出人头地，想轰轰烈烈过一生。有追求、敢于拼搏是件好事，人生在世就要轰轰烈烈地追求一番。尤其是年轻人，更是珍惜一生难再的青春，在世界上留下一点痕迹。但是这一切都要切合实际，不能像有人说的那样，要么名垂千古，要么遗臭万年。这种人生态度是不足取的。古往今来、普天之下，平凡的人生远多于非凡的人生。实际上，要做一个非凡的人很难，能安于做一个平凡的人也不容易。绝大多数人只能庸庸碌碌、普普通通过一生，只有极少数人才能叱咤风云、青史留名，做个不朽而非凡的人。

"不想做将军的士兵不是好士兵"，并是不说你想做将军了，你就会成为将军。想做将军的士兵很多，但是历史上也仅仅只有一个拿破仑。这句话的含义是人要有追求，要有积极向上的精神。有了积极向上的精神，我们的事业才有可能获成功，我们的人生才能够精彩。如果我们没有成为将军，我们也应该为自己曾经想做将军的理想自豪。回首往事时，你说:"年轻的时候我曾想做一名将军。"没有人会嘲笑你不自量力,因为你为你的理想付出了努力,你的人生也就可以说是无悔的人生了。

  每个人都希望自己的事业有成,生活多姿多彩,但要做到这一点并不是件容易的事情,要有远大的志向和敢为志向而努力的精神。只有脚踏实地、孜孜不倦地奋斗,才有可能获得理想中的人生。

第八章 善于审时度势,时机不到莫乱来

发挥优势，审时度势

有人说："垃圾是放错了地方的宝贝。"爱默生也曾说过："什么是野草？就是一种还没有发现其价值的植物。"任何一个人，都既有自己天生的优势，也有自己天生的劣势。人生要取得更大的成就，就应该在自己更容易做好的领域科学地规划。成功的人生规划就在于最大限度地发挥自己的优势。

成功心理学创始人之一、盖洛普名誉董事长唐纳德·克利夫顿在接受采访时说："在成功心理学看来，判断一个人是不是成功，最主要的是看他是否最大限度地发挥了自己的优势。"

爱因斯坦在念小学和中学时，功课属平常。教他希腊文和拉丁文的老师对他很厌恶，曾经公开骂他："爱因斯坦，你长大后肯定不会成器。"由于害怕爱因斯坦在课堂上会影响其他的学生，这位老师竟然还想把他赶出校门。但爱因斯坦对数学、几何和物理等却有着浓厚的兴趣，最后也正是凭借在这些方面的优势，最终成为伟大的物理学家。比尔·盖茨尚未读完大学就被迫退学，但他凭自己在计算机上的优势和天分成为世界首富。"新概念"作文大赛冠军得主韩寒高中时数学常常挂"红灯"，但他凭着自己的文学天分，发挥自己的优势，成为一位很有影响力的青年作家。还有许多在校成绩平平的同学，走向社会后，在人生道路上却取得了惊人的成就，那是因为他们抓住并最大限度地发挥了自己的优势。盖洛普通过研究发现，人类有400多种优势。这些优势本身的数量并不重要，最重要的是你应该知道自己的优势是什么，之后要做的则是将你的生活、工作和事业发展都建立在你的优势之上，这样你才会成功。

比如对于一名教师来说，他必须具备的一种优势就是"体谅"。只有具备"体谅"这种素质或情感的人，才可能成为一名好教师。而成功心理学的特点就是要最大限度地发挥每个人的优势。

有一个很经典的故事。其大意是小兔子被送进了动物学校，它最喜欢跑步课，并且总是得第一；最不喜欢的则是游泳课，一上游泳课它就非常痛苦。但是兔爸爸和兔妈妈要求小兔子什么都学，不允许它有所放弃。

小兔子只好每天垂头丧气地去学校上学，老师问它是不是在为游泳技术太差而烦恼，小兔子点点头，盼望得到老师的帮助。老师说，其实这个问题很好解决，你的跑步是强项但是游泳是弱项，这样好了，你以后不用练习游泳了，可以专心上跑步课……这正是我们所倡导的"扬长避短"。盖洛普在研究中发现，尽管其路径各异，但成功都有一个共同点，就是"扬长避短"。

传统上我们强调弥补缺点，纠正不足并以此来定义"进步"。而事实上，当人们把精力和时间用于弥补缺点时，就无暇顾及增强和发挥优势；更何况任何人的欠缺都比才干要多，而且大部分的欠缺是无法弥补的。现实生活中你怎么知道自己到底是兔子还是鸭子？

一个很简单的方法可以让你知道你到底是谁。比如，当你看到别人在做某件事时，你心里是否会有一种痒痒的召唤感——"我也想做这件事"；当你完成一件事时你是否会有一种满足感或欣慰感；你在做某类事情时，无师自通，这是一个重要信号；当你做某类事情时，你不是一步一步去做，而是行云流水般地一气呵成，这也是一个信号。

很多人会发现自己在做许多事情时需要学习，需要不断地去修正和演练；而在做另外一些事情时，却几乎是自发的，不用想就本能地去完成这些事情。那些自发能做的事就是你的优势。我们要规划自己的人生，就应该先寻找能够最大限度地发挥自己才能的突破口，这对人生规划很重要。只有善于经营自己的长处，才能使自己的人生价值增大。相反，总是怨天尤人、自暴自弃，或是经营自己的短处，只能使自己的人生价值贬值。

职业发展的过程，实际上是人把优势发挥出来的过程。对一个人而言，首先应该对自己的职业生涯进行盘点，确定自己的优势是什么，而后再根据这些优势去选择匹配的行业和岗位。要克服自卑心理。自卑是一种消极的自我评价或自我意识，即个体认为自己在某些方面不如他人而产生的消极情感。具有自卑感的人总认为自己事事不如人，自惭形秽，丧失信心，进而悲观失望，无力进取。自卑感所引发的这种生存状态直接决定了一个人的命运。一个人若被自卑感所控制，其精神生活将会受到严重的束缚，聪明才智和创造力也会因此受到压抑而无法正常发挥作用，甚至还会严重影响到身体的健康。自卑这种"疾病"会使人将自己约束在昨日的生活模式之中，而不敢轻易尝试突破现状的努力，过着没有明天、没有希望的日子。自卑必须靠自身努力来医治，只有靠自己奋起，努力培养对自己能力的肯定与信赖感，给自己的信心充电，才能有所改观。

扬长避短，肯定自己，才能发挥最大的人生价值，发挥优势是成功人生必不可少的条件。

第八章 善于审时度势，时机不到莫乱来

适时者昌，懂得审时

战国时期，鲁国有一个施姓人家，他有两个儿子，一个喜好学问，一个则喜好作战。喜好学问的那个，用他所学去齐国游说，齐国君主让他做了公子们的老师；喜好作战的那个儿子，用他所学去楚国游说，楚国的君主让他做了军官。这样一来，施家便因此而发迹了。

施家的邻居姓孟，也有两个儿子，同样也是一个习文，一个习武，但孟家很贫困。孟家见施家一下变得很富有，非常羡慕，便去施家请教致富的经验。施家便把两个儿子出外游说做官的事，原原本本地告诉了孟家。

孟家习文的儿子用他所学，向秦国君主大讲仁义治国的道理。秦王不满地说："寡人如果采纳你说的仁义治国，必遭灭亡！因为当今各国都是采用武力竞争，所专心做的不过是足食足兵而已。"秦王一气之下，下令对他行阉割之刑，然后放了他。孟家习武的儿子，用他所学向卫国君主游说。卫王对他说："卫国只是一个弱小的国家，夹在几个大国之中求生存，不得不服从大国，安抚小国，以保平安无事。寡人如果采纳你的以武力谋胜的办法，卫国很快就会灭亡。"卫王心想，如果就这样放这个人回去，他必定还会去别国游说武力竞争之事，将对我国造成严重威胁，于是下令砍断他的脚，送回鲁国。

孟家见两个儿子不但没有致富反而受害，一家人气得捶胸顿足。于是，孟家非常气愤地找到施家，又哭又闹，大加责备。施家心平气和地

解释道:"我们两家一直和睦相处,你们有难,我们很能理解和同情。不过,这件事应当总结教训才是。这中间包含了深刻的道理:不管什么样的人,凡是他的行为符合时宜者就会昌盛,违背时宜者就会危亡。就我们两家来说吧,所学和做法都是一样的,为什么结果却完全相反呢?并不是由于你们的行为做法不对,而是因为违反了时宜。天下的道理没有绝对正确的。也没有绝对错误的。看准机会,投合时机,并没有固定的方式,必须要靠聪明机智。否则,纵使有像孔子那样的博学,像吕尚那样的谋略,不合时宜,到什么地方都摆脱不了穷困!"孟家父子听了,才恍然大悟,逐渐消除了对施家的怨恨。

同一种做法,结果却相反,这是经常有的事。施家因为投合了时宜,而得到昌盛;孟家的做法,由于违背了时宜,反遭祸害。前者做事有针对性,即找准了对象,根据对象目前的实际情况以所学去投合,目的明确,自然会产生好的结果;后者做事缺乏针对性,不符合对象的实际情况,甚至还与之抵触,当然会带来不好的结果。

  一切应当从实际出发,具体情况应作具体分析,切不可生搬硬套。同时,必须使言语和行动顺应时代和潮流,"识时务""合时宜",掌握住时代的脉搏,才能更恰当地施展聪明才智。

第八章 善于审时度势，时机不到莫乱来

等待时机，适时跨越

在步步为营的过程中，遇到了比较好的时机或者条件时，适当地大步跨越一下，也是非常必要的。

朱元璋委于南方地盘而没有大军北进长达数十年，是因为他不想直捣中原吗？答案是否定的。只是朱元璋和他的谋士们认为，不是不要，而是时机未到。在长期准备继而大败张士诚和消灭陈友谅之后，朱元璋冷静地分析了当时全国的形势，看到了元朝气数已尽，最终才抓住机会，下定决心挥师北上。后来的结果也证明了朱元璋十几年的潜伏是绝对值得的，因为他适时地完成了攻占中原、建立帝业的跨越。

某大公司招聘人才，应者云集。经过三轮淘汰，还剩下11位应聘者，最终将留用6个。第四轮总裁亲自面试。奇怪的是，面试考场出现12个考生。坐在最后一排的一个男子站起身："先生，我第一轮就被淘汰了，但我想参加一下面试。"在座的人都笑了，包括站在门口闲看的那个老头子。总裁饶有兴趣地问："你第一关都过不了，来这儿还有什么意义呢？"男子说："我拥有很多财富。"大家觉得此人要么太狂妄，要么是脑子有毛病。男子说："我有11年工作经验，曾在18家公司任过职……"总裁打断他："先后跳槽18家公司，我不欣赏。"男子站起身："先生，我没有跳槽，而是那18家公司先后倒闭了。"一个考生说："你真是个倒霉蛋！"男子道："相反，我认为这就是我的财富！我不倒霉，我只有31岁。"

站在门口的老头子走进来，给总裁倒茶。男子继续说："我很了解那18家公司，我曾与大伙努力挽救它们，虽然不成功，但我从它们的失败与错误中学到了许多东西。"男子离开座位，一边转身一边说："与其用11年学习成功经验，不如用同样的时间研究错误与失败；别人的成功经历很难成为我们的财富，但别人的失败过程却是！"男子就要出门了，忽然又回过头："这11年经历的18家公司，培养、锻炼了我对人、对事、对未来的敏锐洞察力。举个小例子吧——真正的考官，不是您，而是这位倒茶的老人……"全场11位考生哗然，惊愕地盯着倒茶的老头。那老头笑了："你第一个被录取了，因为我急于知道……我的表演为何失败？"

这个男子凭什么能看出倒茶的老人就是总裁呢？其实答案再简单不过，就因为他在18家公司工作中所锻炼出来的超强的阅历。如此多的经验，让他在失败中一跃而出，最终被录取。他成功在哪里？就是他知道，在失败量的积累中，会在心里存在一个度，一旦这个积累达到了成功的水准，他便适时地抓住了。这从他的言语、他的阅历中就已经表现出来了！

事物是变化发展的，从量变开始的，当量变达到一定程度时，又必然会引起质变。所以当事情准备到一定阶段的时候，实时跨越，就将跃上另一个高度，

见机而动是成功的诀窍

第八章 善于审时度势，时机不到莫乱来

见机而动，关键是要善于看准机会。而这需要敏锐的眼光，并在有七分把握的条件下当机立断，勇于实践。否则，时机稍纵即逝，永远抓不住机会，也永远得不到成就事业的甜美果实。

机会难得，而如果有了机会，你又不能抓住，迟迟难以下决断，也不能成功。"当断不断，必有后患"，这句话在许多人竞争同一目标的情况下往往很正确。怎样才能迅速地审时度势呢？调动你所有的器官，去观察，去感觉，去倾听；如果有必要，去嗅，去尝。当遇到蕴含赢利可能性的情况时，要全神贯注，忘掉一切，即使鲁莽点儿也无妨。尽快收集各有关情况，做到心中有数，然后快速作出决断，从而在竞争中占据领先优势。当机立断、随机应变，是指在客观条件发生变化的情况下，作出恰当得体、有理有节的反应，进而维护自己的地位和利益。

随机应变，关键是要会"变"。历史上有不少随机应变的事例。春秋时期，有一次秦兵企图偷袭郑国，大军已开到离郑国不远的地区，而郑国还蒙在鼓里。这时，郑国一个名叫弦高的牛贩子得知这个消息后，急中生智。他一面派人星夜赶到郑国国君那里报信，一面假扮成郑国的使臣，挑选几十头肥牛，乘着一辆车，迎着秦兵而去。与秦兵将领相遇后，弦高便自称是受郑国国君之命，备了点薄礼来慰劳秦军，并称国君正厉兵秣马，训练军队。秦军将领一听，大吃一惊，以为郑国早有了准备，便改变计划班师回朝了。

社会竞争活动，经常面临变幻不定的客观现实，在迅速变化的形势面前，以不变应万变，循规蹈矩，是不会成为成功的竞争者的。

见机行事，随机应变，就是要看准机会，当机立断。既要有敏锐的眼光，又要有勇于决断的智谋。

参考书目

1. 马银文．李宗吾为人处世厚黑学．北京：中国物资出版社，2009
2. 王宇红．韬光养晦5000年的成功大智慧．北京：海潮出版社，2006
3. 李家晔，史兼丽．韬光养晦大智慧．北京：中国城市出版社，2010
4. ［美］刘墉．处世艺术．北京：中国盲文出版社，2007
5. 锦时华年．人生成功潜规则．北京：中国华侨出版社，2010
6. 陈玲．三分做事七分做人．北京：新世界出版社，2007
7. 程诚．低调做人的智慧．北京：中央编译出版社，2007
8. 文征明．超级人生大智慧大全集．北京：中国华侨出版社，2011
9. 千智莲．做事先做人．北京：西苑出版社，2008
10. 门马．有一种智慧叫弯曲．北京：长安出版社，2008
11. 晓云．成功法则．四川：四川大学出版社，2010
12. 莫凡．不出头的智慧．北京：中国致公出版社，2011